服裝畫技法圖解

Fashion Design Courses

劉慧瓏 著

序

服裝畫是一種具功能性的繪畫技法，用來傳達設計理念，同時也是設計師風格的展現。因此，繪製比例要正確，姿態必須要能展示服裝的重點，服裝結構更必須是完整且合乎製作邏輯的。

如何才能有效率的學習好服裝畫？首先，要由站姿練起，常用的站姿不需要太多太花俏，但是要反覆練習熟練，才能隨心所欲繪製款式。再來，款式線條結構比色彩表現更為重要，所以先求構圖完整正確再使用色彩為服裝畫加分，構圖方面則必須透過平常對服裝細節的觀察及打版技巧的提升來幫助。

在實務運用上，服裝畫與平面圖都是很重要的，缺一不可。設計師透過服裝畫來說明款式線條及搭配概念，細節的表現則需要由平面圖來輔助說明。另外，作品集的製作也必須藉由服裝畫來呈現設計理念，而工廠的製造單則必須附上工整的款式平面圖解說。本書按部就班的解析比例、姿態、結構的重點，以及各式畫材的上色技法，希望引導讀者循序漸進的學習。此外，附加各年齡層的服裝畫畫法，以期滿足各種不同設計表現上的需求。

目錄

目錄

Chapters 1
臉型、髮型與身體比例

第一章　脸型、髮型與身體比例

五官

五官些微的變化皆會牽動表情神韻的改變，細長的眼型嫵媚、渾圓的眼型機靈、豐厚的唇性感、小巧的唇可愛。雖然服裝畫的表現重點是在於服裝款式的展現，臉並不是非畫不可的部份，但是的確能使整體造型與設計理念更完整，並增加服裝畫本身的吸引力。

眼睛

眼頭低、眼尾略高
比較有精神

眼珠為3/4圓

眼珠要留下亮點
塗上漸層

加重上眼線

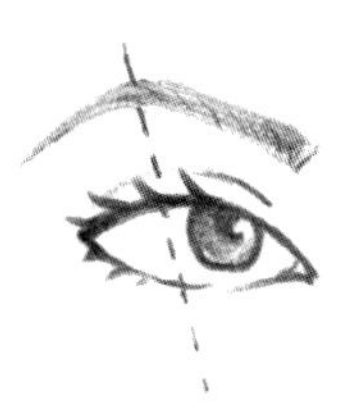

眉型前粗後細
眉峰位於全眼2/3處

鼻子

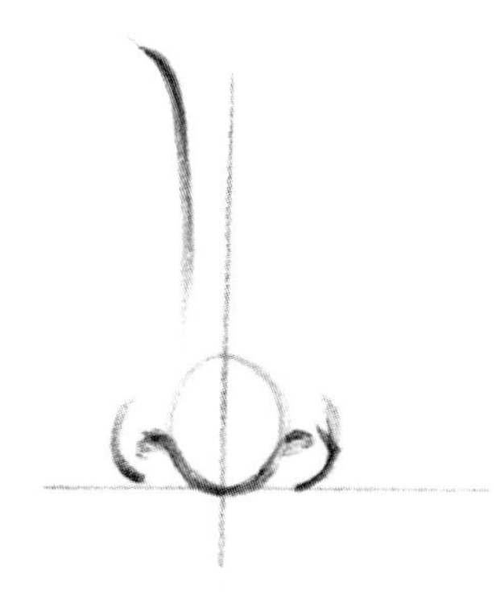

正面鼻　　側面鼻

鼻樑－位於鼻中心兩側，鼻樑要直
鼻頭－要圓潤，鼻孔位置要低平
鼻翼－為於鼻頭兩側，位置不要低
　　　於鼻頭

嘴唇

下唇比例略厚於上唇
唇中用色較深，上下唇線用色要放淡

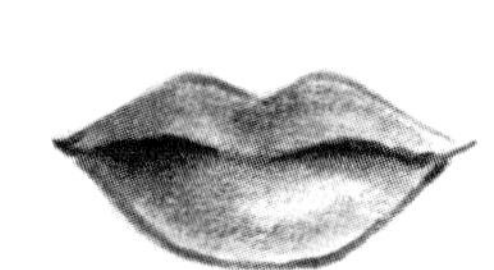

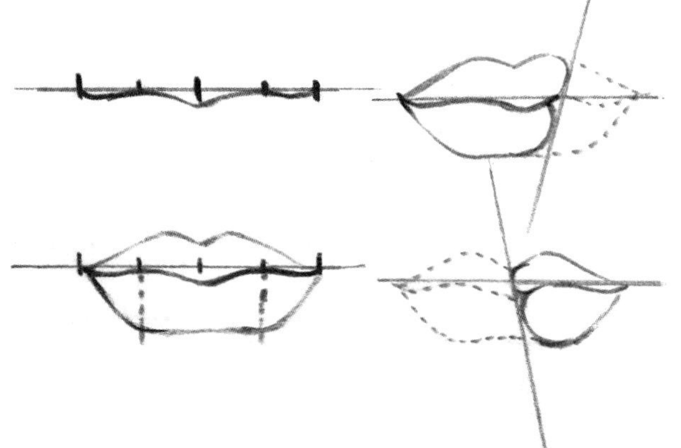

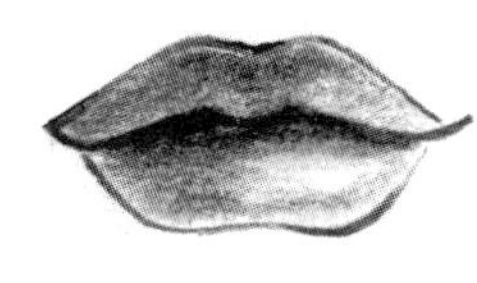

臉型

正面臉的位置比例

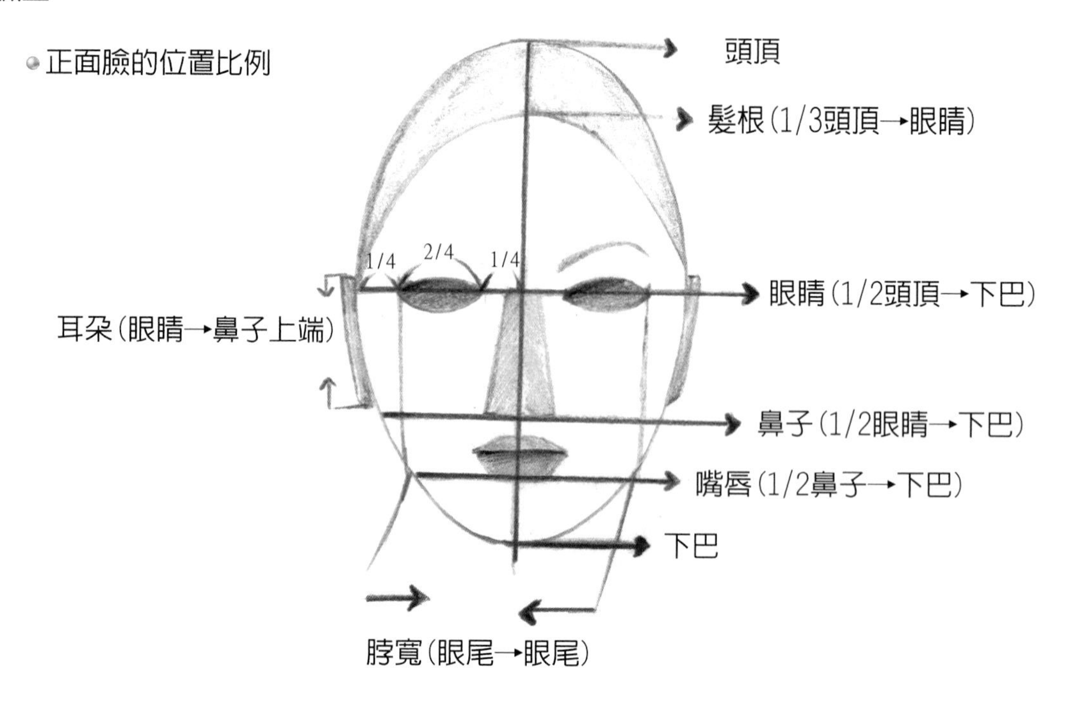

頭髮－略高於頭頂才不會太塌
瀏海－由髮根處畫起
臉型－於鼻子→嘴唇中間修出輪廓的角度

側面輪廓比例

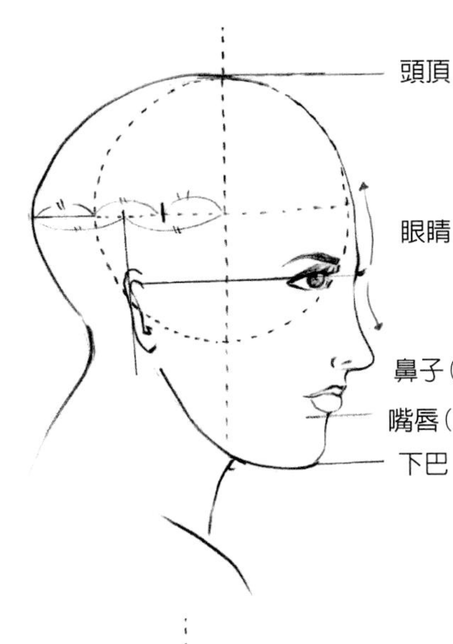

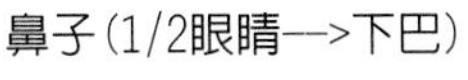

頭顱基本型為圓型，向下加出一個半徑作為全臉長度。

正側面

正側臉眼睛到耳朵的距離約等於兩個眼睛寬度。

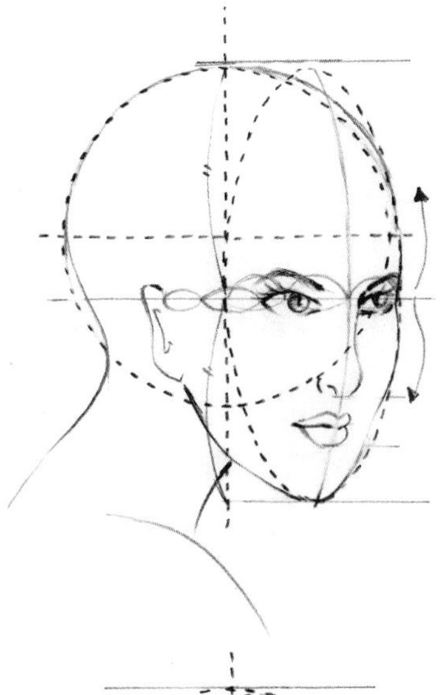

微側2/4等份時，臉中心位於橢圓的1/3處，眼與耳的距離約13/4眼睛寬度。

微側

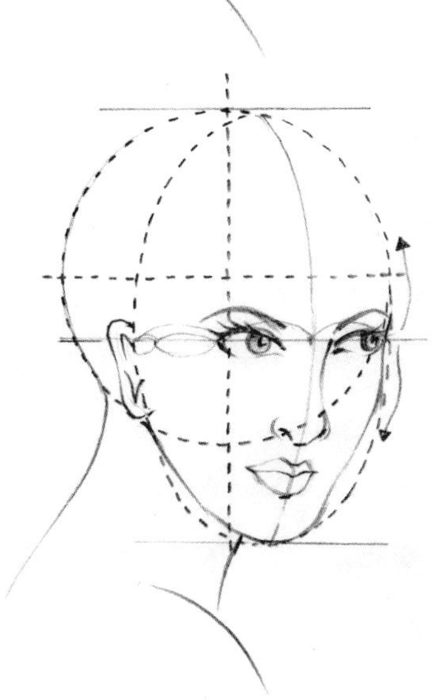

微側1/4等份時，臉中心位於橢圓的1/3處，眼與耳的距離約11/2眼睛寬度。

3/4側

臉的輪廓

基本為橢圓型，修長的臉型或是圓潤可愛的臉型，皆有不同的風情

髮型

頭髮上色示範

注意髮絲的流向頭髮就不會亂，分出深淺層次頭髮就會有光澤感。

步驟一

描繪出五官臉型→輕輕畫出頭髮輪廓

步驟二

輕輕畫出髮絲流向，面積接近全滿，要留出頭頂的頭髮光澤感

步驟三

加深筆調做出髮絲層次，面積要較少，輪廓邊緣顏色加深、塞耳後的區塊加深

各式髮型示範

手足局部畫法

手掌

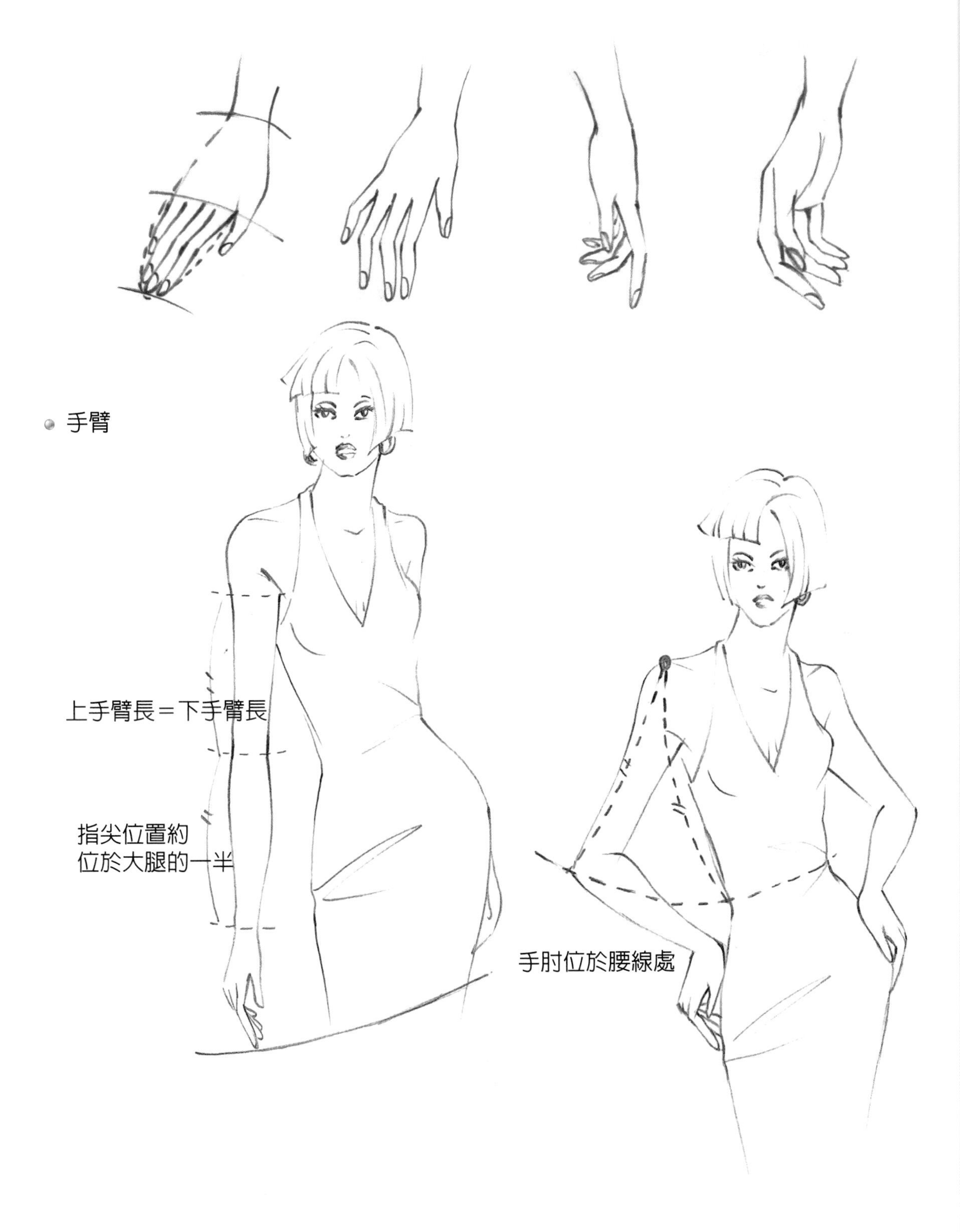

手臂

腿型

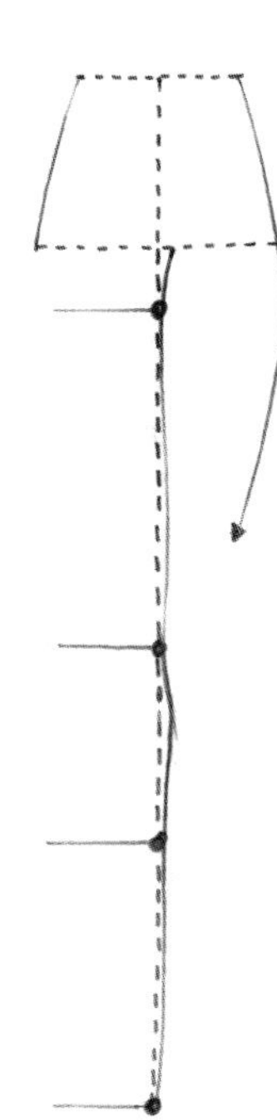

先畫腿內側，大腿、膝蓋、小腿肚、腳底合併於中心線上，呈現四點一線。

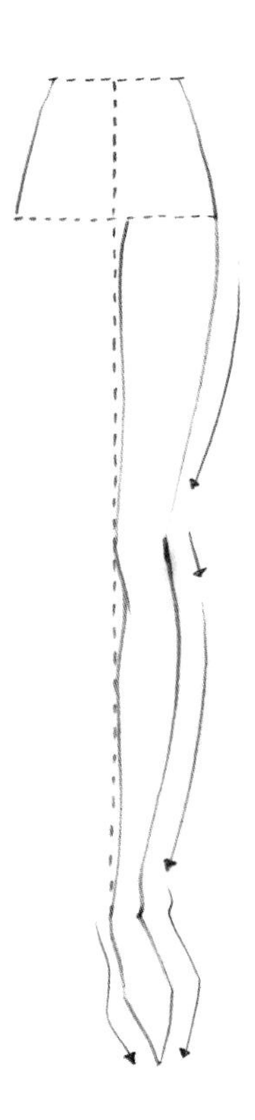

陸續畫上大腿外側→外側膝蓋線條與內側平行→小腿外側→足面，腳踝在上、腳底在下

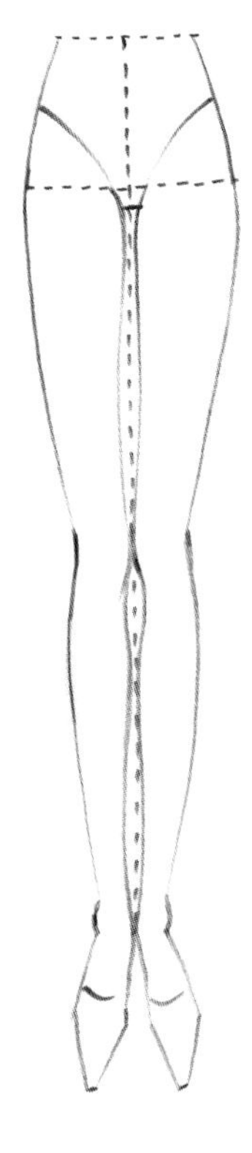

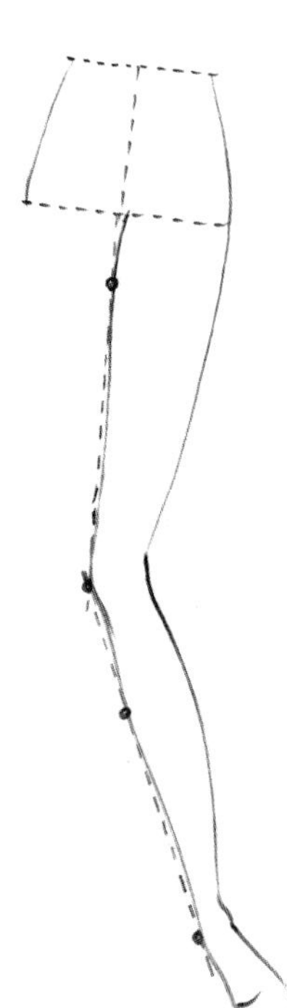

膝蓋轉彎時，一樣須保持大腿到膝蓋一直線，膝蓋到腳底一直線的原則。

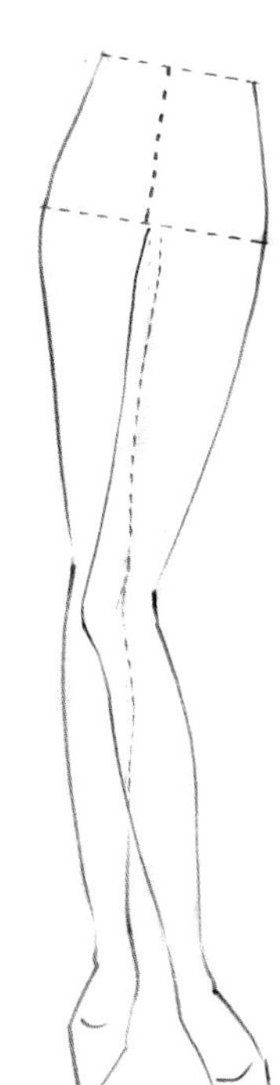

被遮住的後腿，透視要呈打直的狀態。

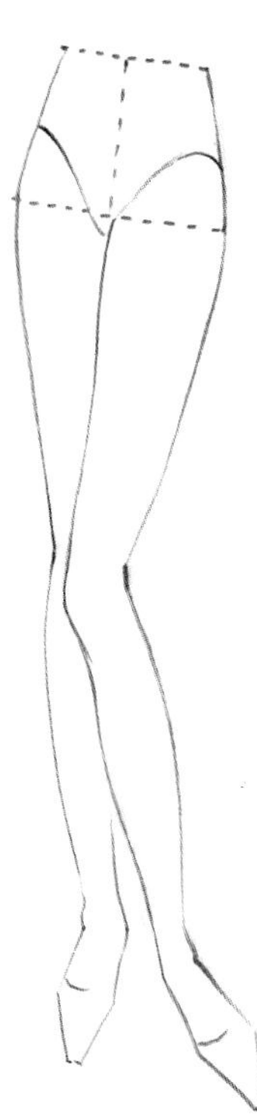

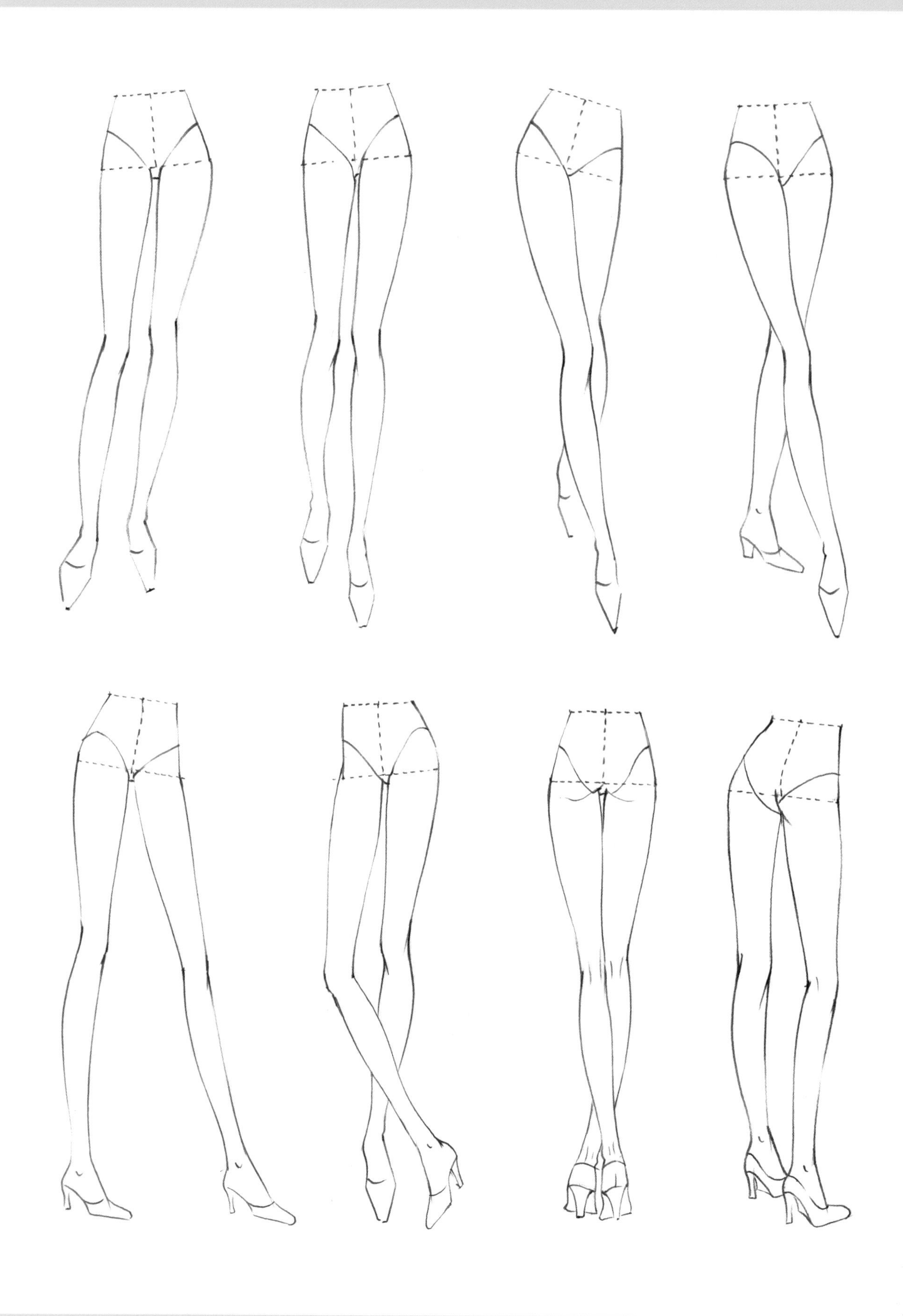

足面

鞋型示範

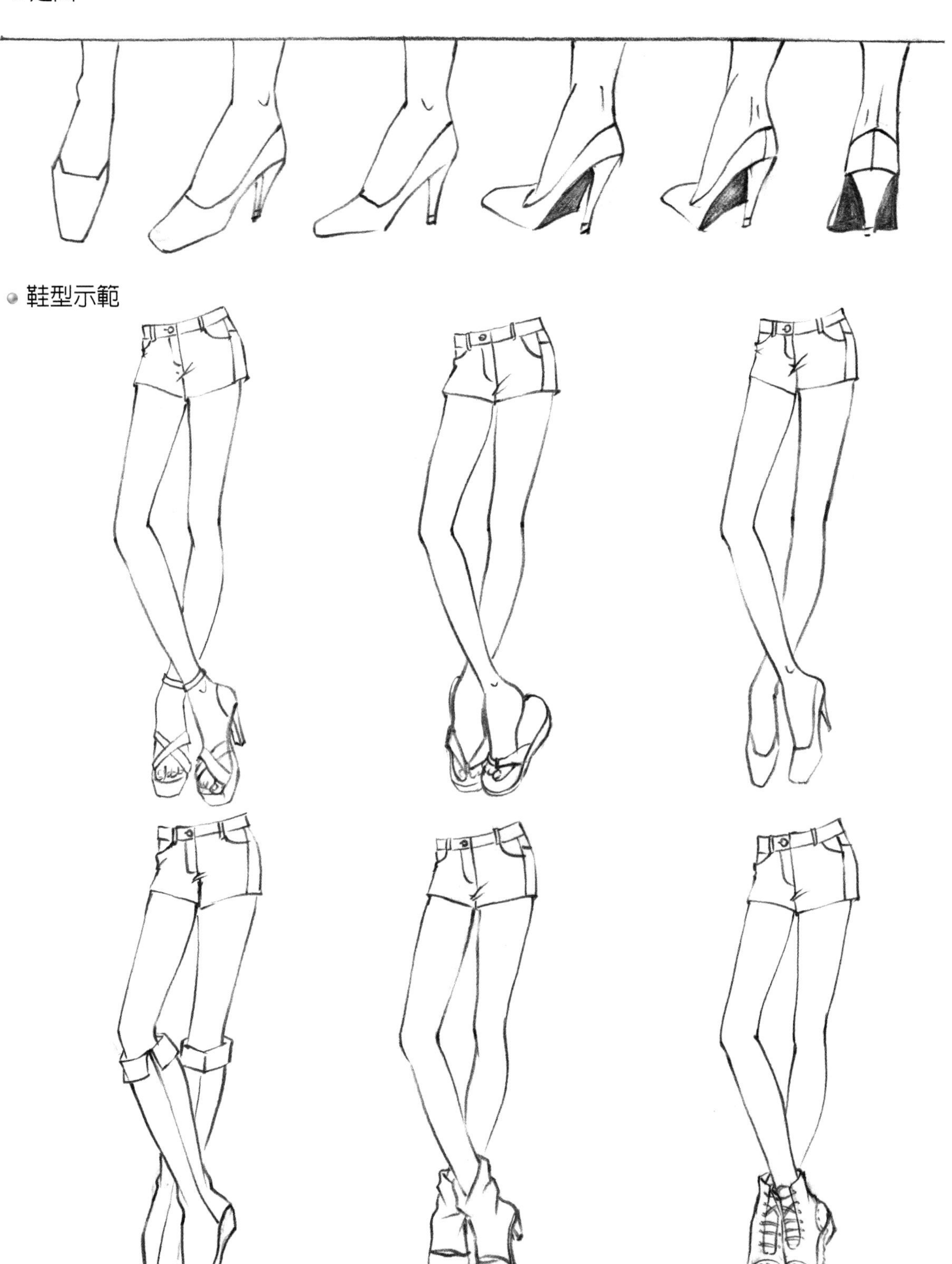

身體比例

一般人的身體比例約為八頭身長，模特兒或是小巧的臉蛋才能接近九頭身的夢幻比例。但是在服裝畫的表現上為了追求完美比例，大多是以九頭身長當作基礎比例，婚紗禮服為了展現衣服的氣勢及修長的身段，甚至會畫到10~12頭身。

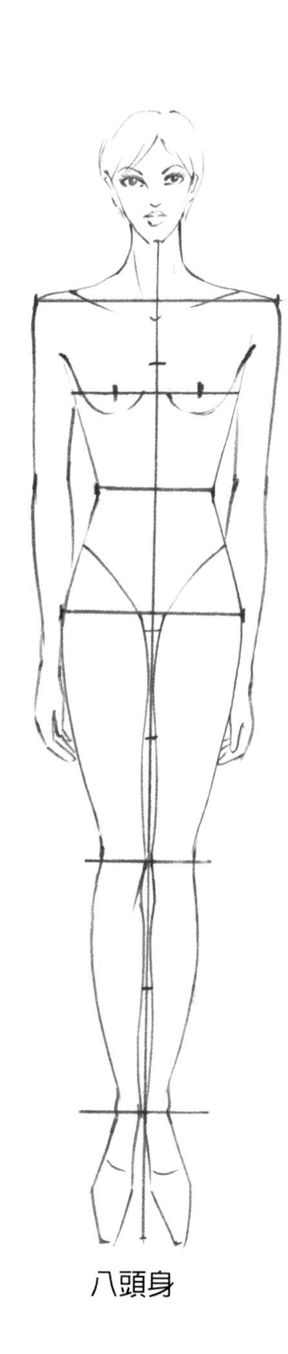

八頭身

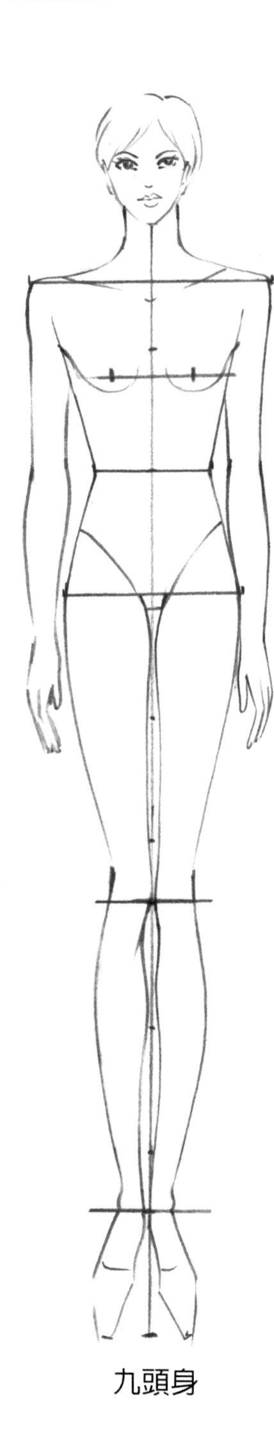

九頭身

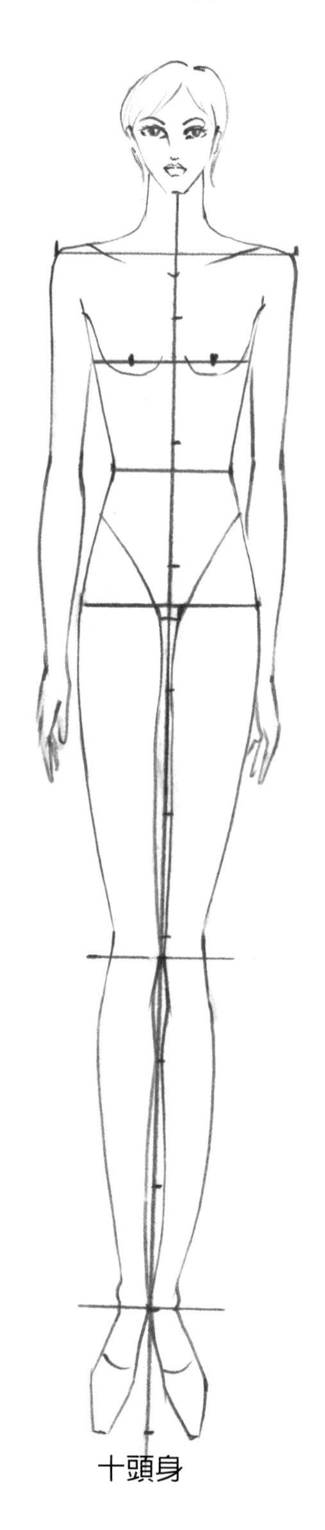

十頭身

九頭身比例

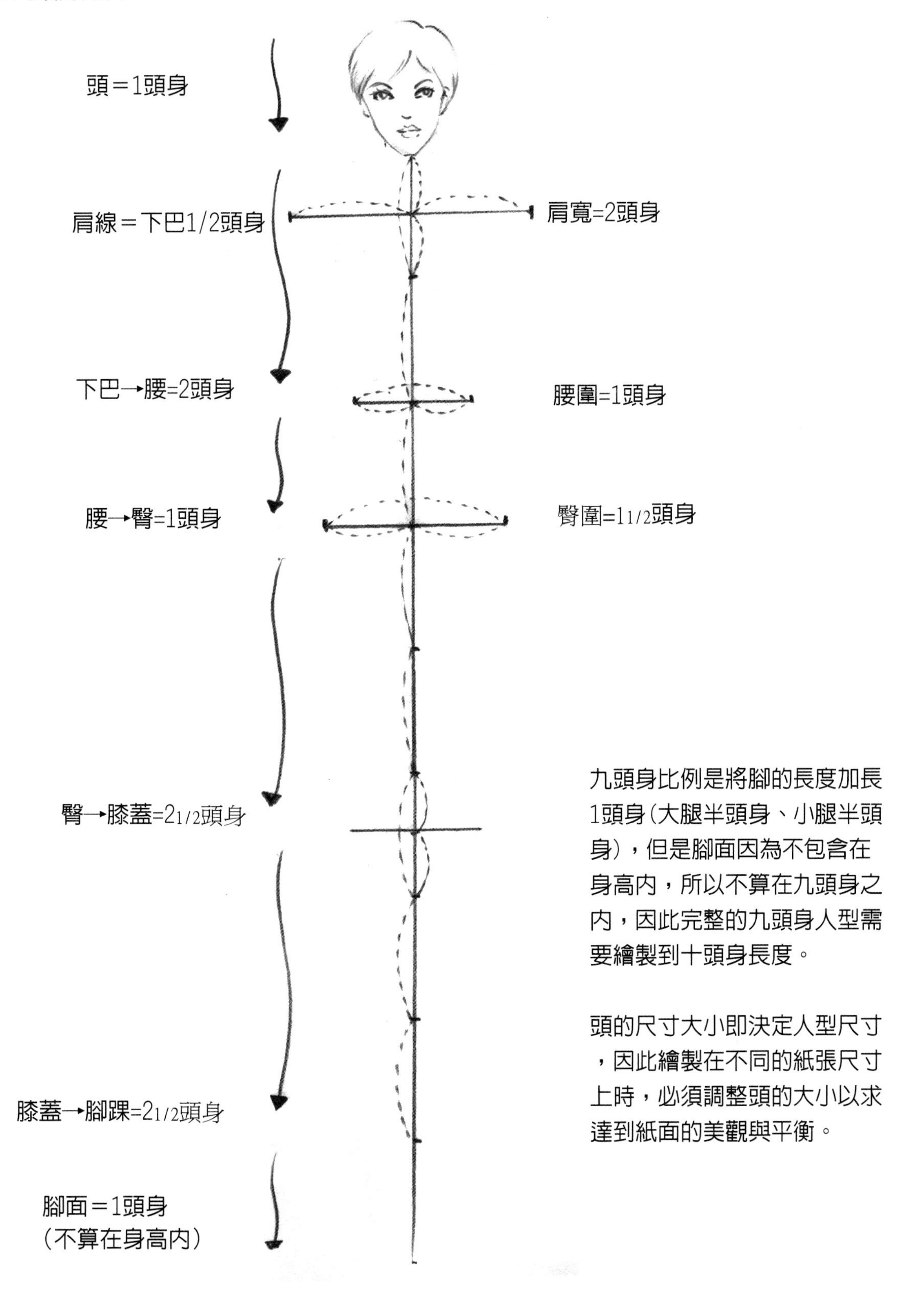

九頭身比例是將腳的長度加長1頭身(大腿半頭身、小腿半頭身)，但是腳面因為不包含在身高內，所以不算在九頭身之內，因此完整的九頭身人型需要繪製到十頭身長度。

頭的尺寸大小即決定人型尺寸，因此繪製在不同的紙張尺寸上時，必須調整頭的大小以求達到紙面的美觀與平衡。

九頭身比例繪製步驟

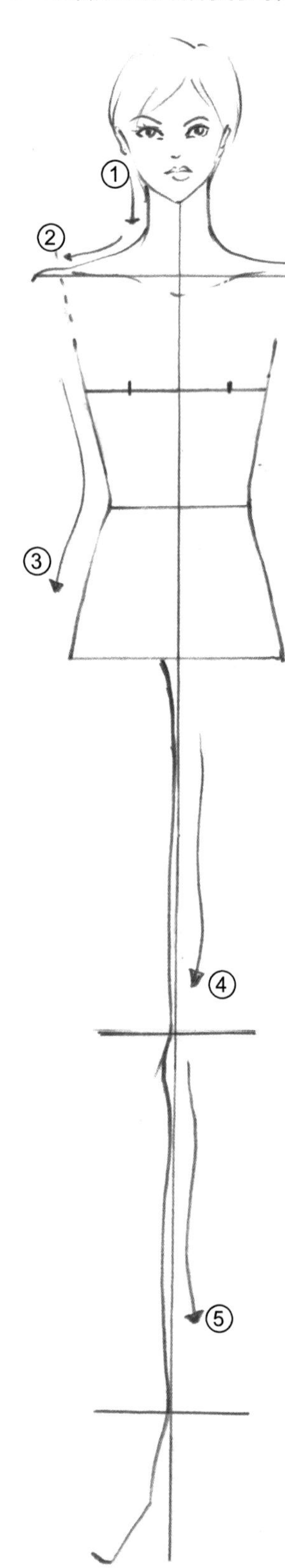

① 脖子順著眼尾往下直畫

② 領肩斜度約在臉頰到肩線1/2處轉彎

③ 繪製脇邊曲線

④ 繪製大腿內側

⑤ 繪製小腿內側

⑥ 繪製大腿外側，筆停頓於內側膝蓋上緣，形狀漸細

⑦ 繪製膝蓋外側，平行內側

⑧ 繪製小腿外側，於內側腳底上緣畫上腳踝，形狀漸細

⑨ 繪製上手臂外側

⑩ 繪製上手臂內側

⑪ 繪製下手臂

⑫ 繪製手掌

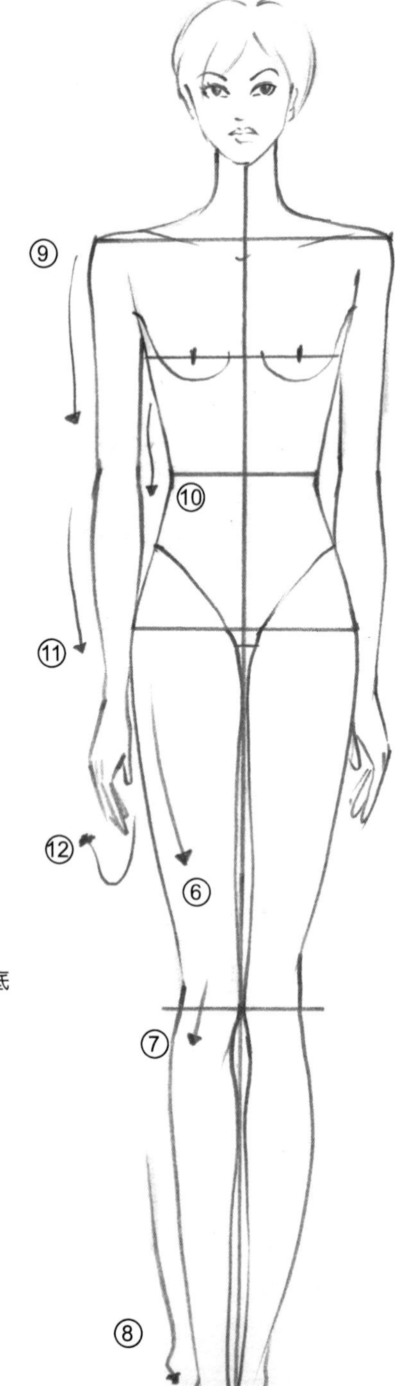

八頭身、九頭身及十頭身服裝畫表現

八頭身

九頭身

十頭身

Chapters 2
姿態

第二章　姿態

姿勢變換與重心解析

站姿比例是初期在學服裝畫時最重要的功課，站姿熟練後再練習各種款式的畫法，畫起來才會得心應手事半功倍。身體會隨著姿勢的變換，產生斜度與重心的偏移，了解之後，將可以隨心所欲的變換姿勢。以下範例將逐步解析身體中心線的定法、腰臀斜度、重心腳的設定...等細節。

中心線

中心線可以將之想像為脊椎的位置，脇邊的斜度將會以中心線的斜度為基準來繪製，中心線越斜身體的擺動就越大，換言之它將影響到身體的斜度與彎度。（圖下）

中心線微微往內彎，身體呈現彎腰的姿勢

中心線向外挺出，腰臀隨之往前傾。

中心線呈弧形，胸部挺出，腰臀往後翹。

繪製中心線的步驟

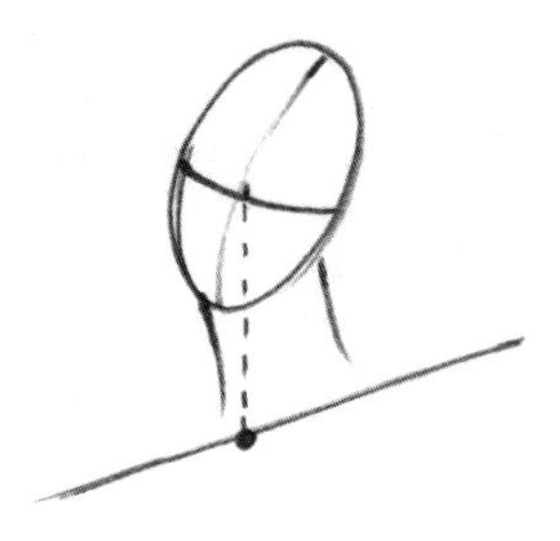

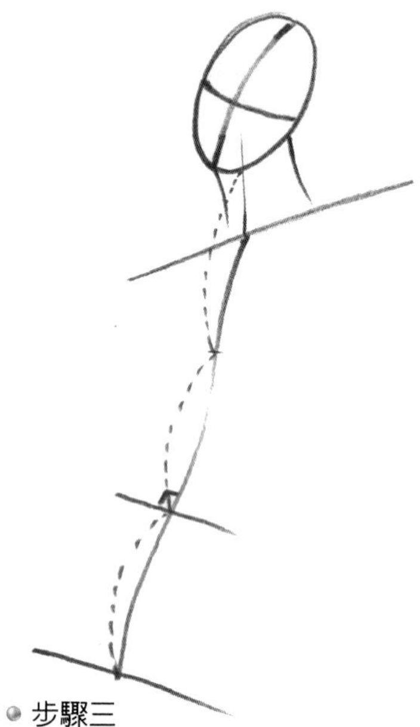

步驟一

畫出頭的大小—>畫脖子（寬度=眼尾到眼尾，長度約半頭身）—>畫肩膀斜度—>由兩眼中心垂直往下定出中心線的起點。

步驟二

由中心點往下斜出(胸微凸，腰微凹)

步驟三

定腰圍線(長度由下巴起算兩頭身)垂直於中心線—>定臀圍線（長度由腰圍起算一頭身）垂直於中心線

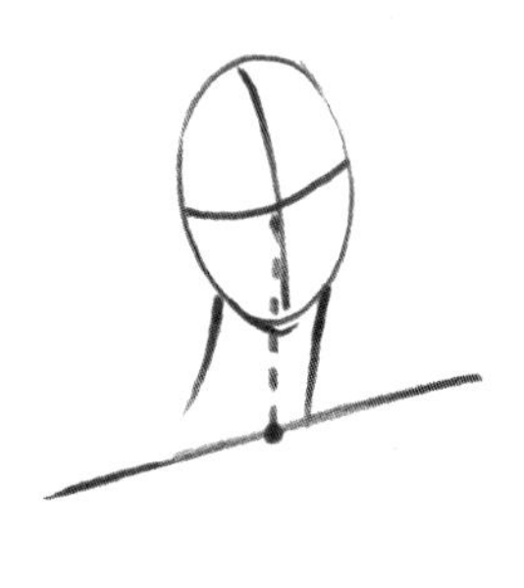

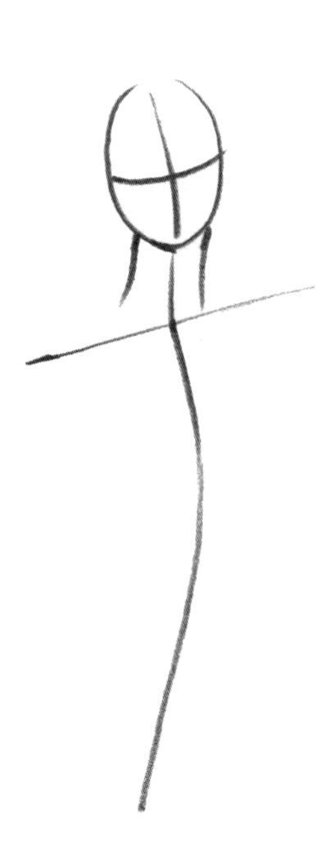

重心腳的定義

所謂重心腳，即是支撐身體重心的腳。當身體有斜度變化時，重心會偏向某一邊，站立時通常會偏向微側的後腳；而往前走時身體重心則會移至前腳。

- 頭中心即為平衡身體的重心點，當重心腳畫到頭中心時，身體即能達成平衡。

- 相對於重心腳，另一隻腳則為可以自由擺姿勢的自由腳，當重心腳位於頭中心時，自由腳隨意擺動皆可，不會破壞身體的平衡感。（圖右）

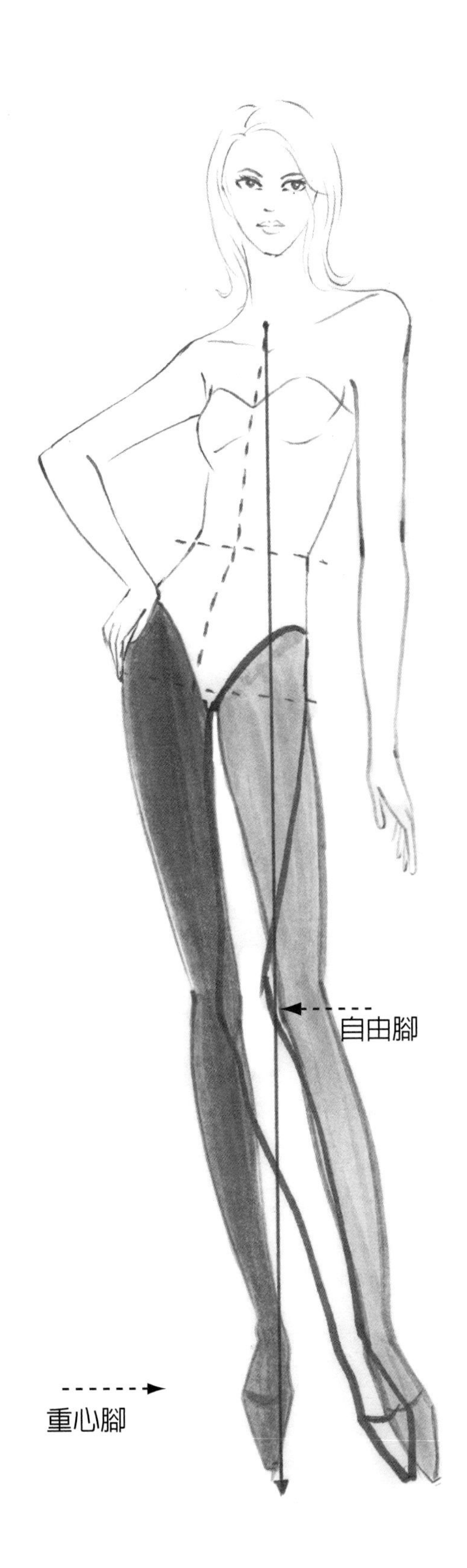

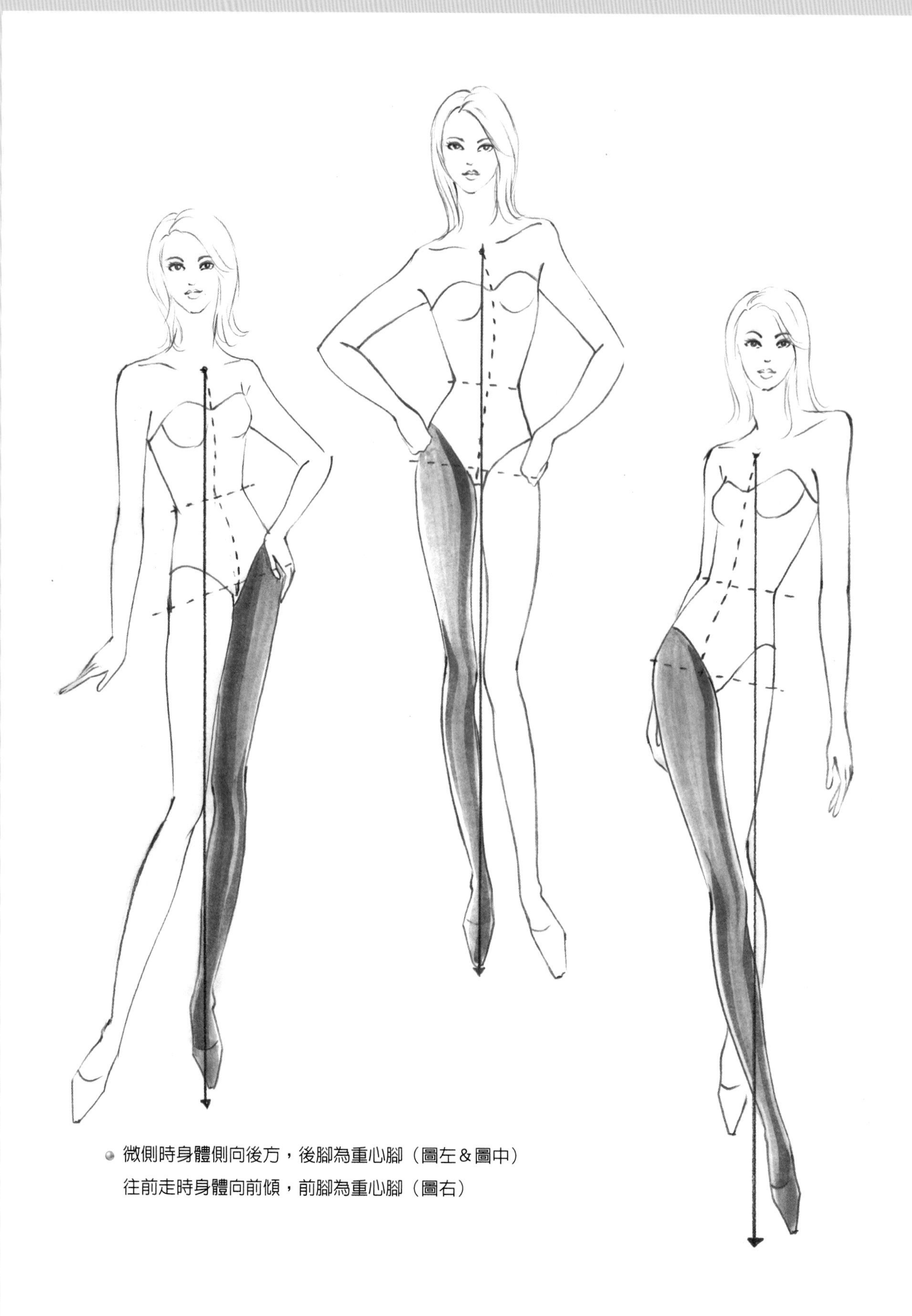

- 微側時身體側向後方，後腳為重心腳（圖左＆圖中）
  往前走時身體向前傾，前腳為重心腳（圖右）

微側姿態繪製步驟

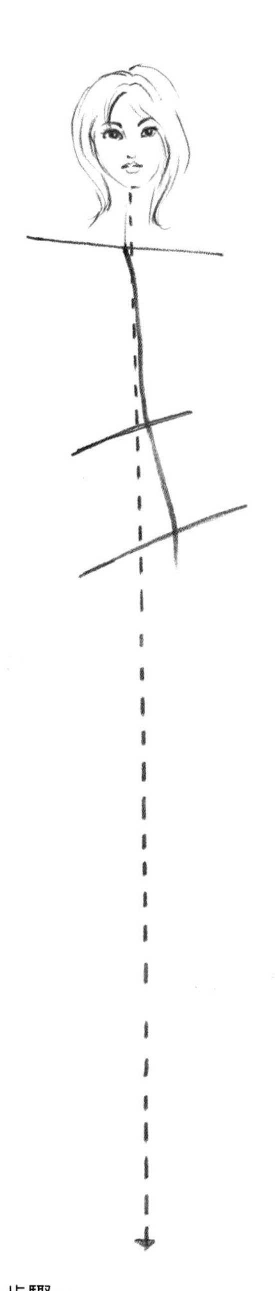

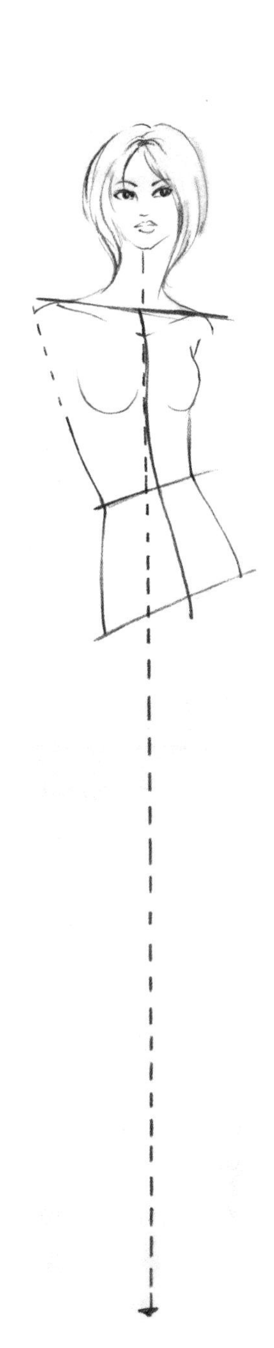

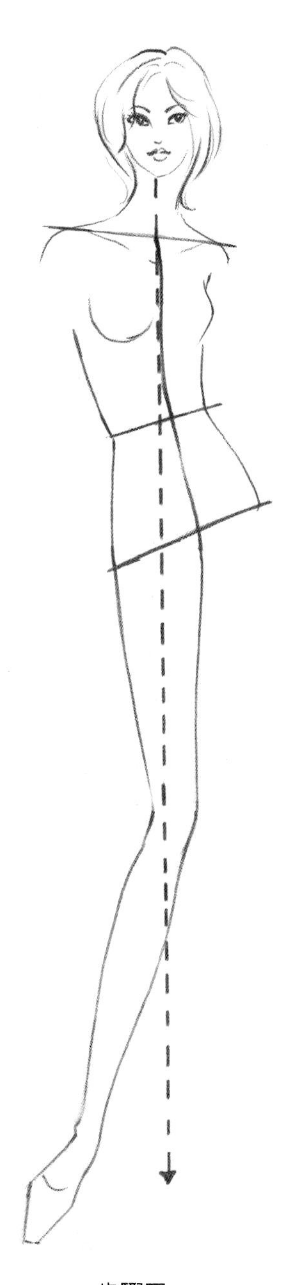

步驟一

定中心線、腰圍線、臀圍線

步驟二

畫出肩膀與兩側脇邊，側到後面的身體看起來會較小，因此微側站姿看起來較瘦

步驟三

畫出前腳

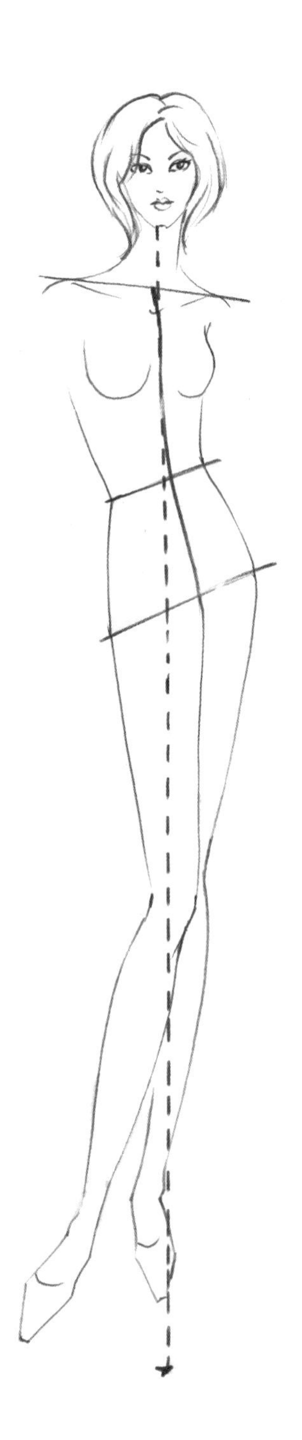

步驟四

畫出後腳，長度略短於前腳

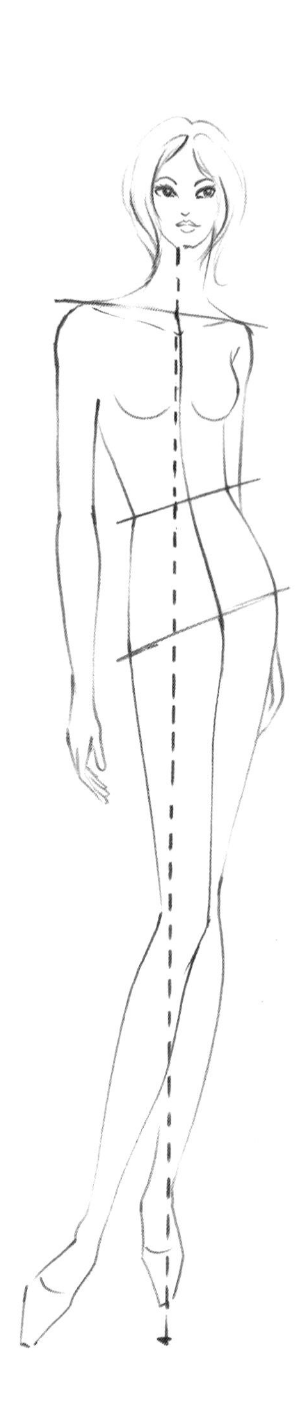

步驟五

畫出兩邊手

完成

各式姿態講解示範

正面站姿

當身體直直站時，重心並不會偏向任何一側，而是分別平均於兩腳，因此兩腳距離頭中心的距離是一樣的。（圖右）

而當身體斜度產生變化時，才會產生重心與斜度的問題（圖左＆圖中）

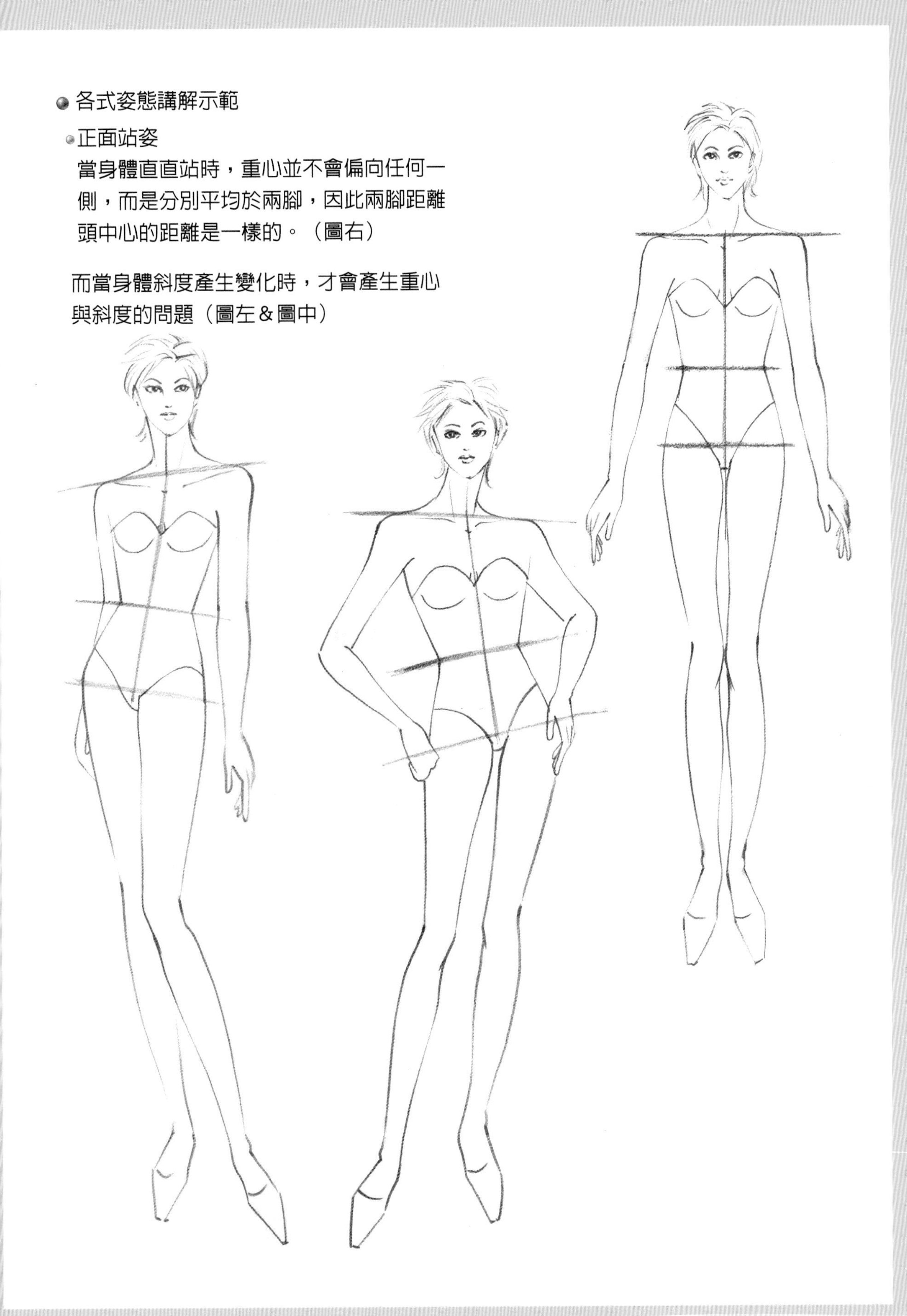

微側站姿

微側的站姿和正面站姿相比，畫起來比較活潑有變化，也更苗條，因此是最常運用在服裝畫裡的姿勢。而要選擇哪一種的微側站姿，取決處在於服裝的款式及構圖造型的需求。

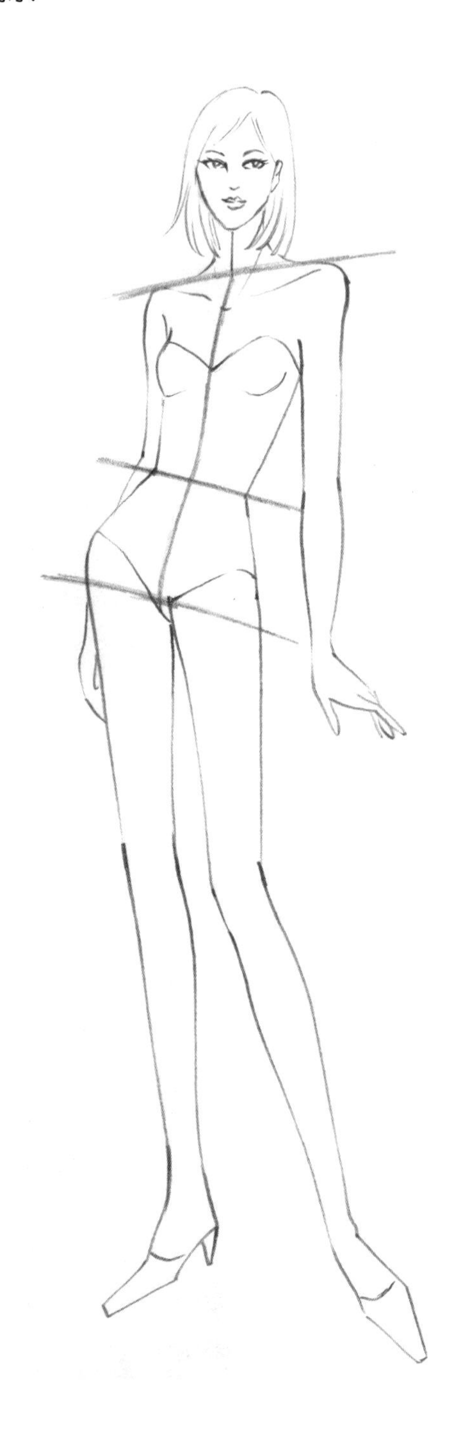

側面與背面站姿

側面與背面一樣需要以中心線與斜度的變化為基準來繪製。

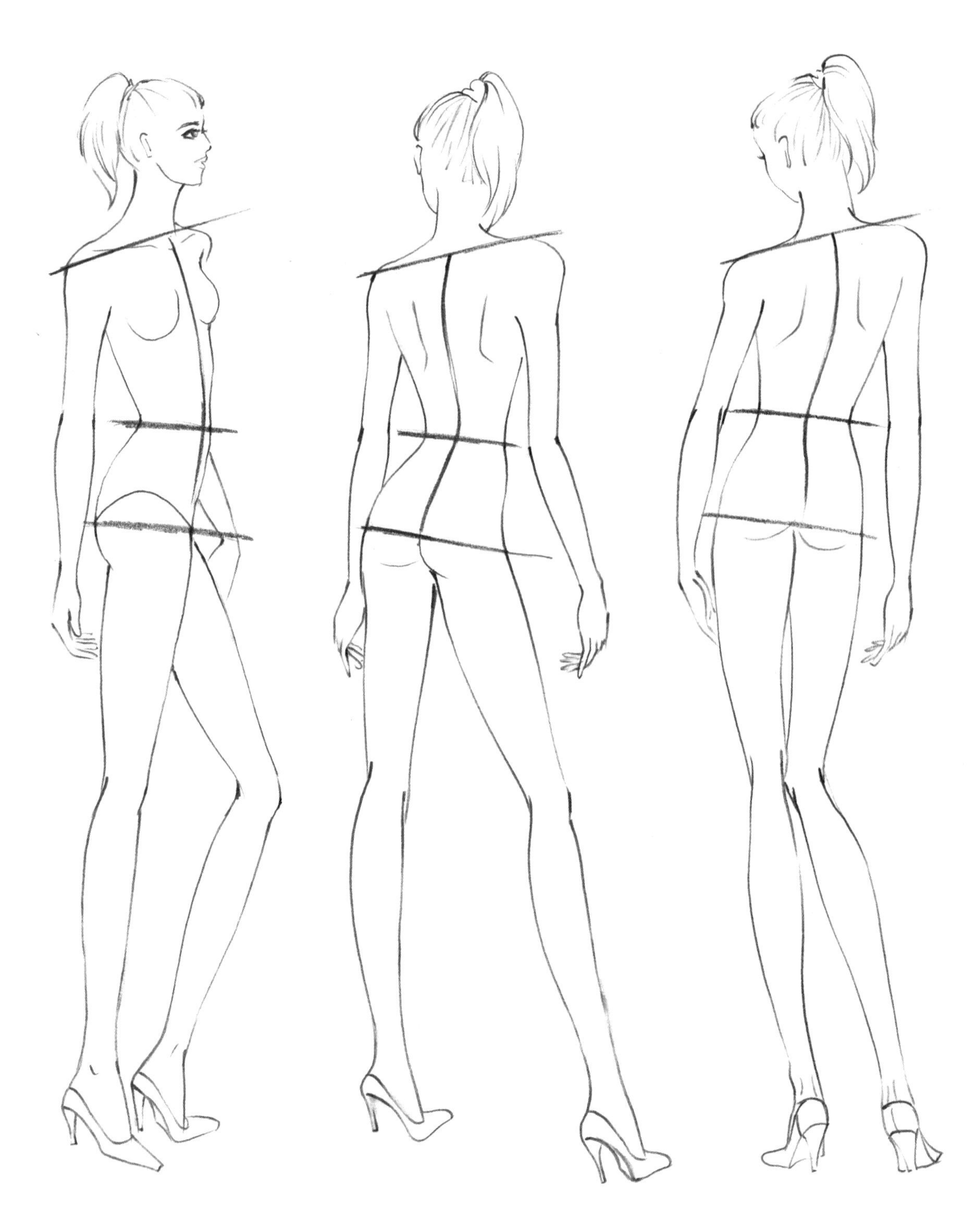

服裝畫姿勢的選擇

服裝畫是具有功能性的繪畫，姿勢必須要能突顯設計的重點、清楚的展示比例，並且要兼顧美感的呈現。以下的範例將舉例說明姿勢選擇的幾項原則。

裙裝與褲裝

雙腿展開的姿勢才能夠完整呈現褲型（圖左）

柔媚的姿態可以呈現裙裝優雅的氣質（圖右）

不對稱的設計

開岔設計

服裝上若有不對稱的剪裁設計或是單邊的裝飾物，要選擇能清楚展示設計重點邊的微側姿勢（圖左）

將雙腳叉開才能清楚表示合褶裙的褶法（圖右）

特殊服裝比例

手伸直時無法將袖長清楚說明，而將手肘彎起時，才能清楚看到袖長的比例。（圖左）

畫蝴蝶袖時將手張開，能看到袖長及袖子與衣身的接點，並能展示布料的垂墜份量。（圖右）

側面及背面姿勢與服裝

大多數服裝的設計重點位於正面，因此設計時會繪製正面設計圖，背面則以平面圖輔助說明。但是也有著重於側面或背面的設計，此時服裝畫的展現就須以背面及側面的姿勢來表現。

側面是設計重點時（圖左）

禮服設計常常會著重於背部設計（圖右）

Chapters 3
手繪上色技法

第三章　手繪上色技法

每種顏料都有其特性，不同的顏料可以表現不同的質感，有時需混合多種顏料才能達理想的效果。本章節將分別以油性色鉛筆、水性色鉛筆、麥克筆、粉彩，來做解析示範。

服裝畫構圖及上色方式

服裝畫在構圖上以衣服結構清楚為原則，只要是衣服的剪接線都不可以省略，必須清楚繪製，但是如果是因為姿勢或外力而產生的多餘皺褶則不需繪製，多餘的線條不僅沒有幫助，還容易產生誤會。

因此不同於素描的表現方式，服裝畫在繪製輪廓時要兼顧打版製作的需求，注意衣服的比例、選擇適合的姿勢，才能清楚說明設計想法。

關於上色表現，每位設計師皆有其獨到的繪圖美感及筆觸，因此並無絕對的對錯。一般來說，圖畫要賞心悅目，整齊乾淨是必要的，上色要呈現立體感，才會有穿在人身上的質感。

另外，不需要用太過複雜的方式上色，畢竟服裝畫是功能性的繪畫，如果畫一張畫要耗費大半天，又該如何用於實際工作上？

油性色鉛筆

油性色鉛筆不需沾水、調色，顏色齊全，可算是最便利的素材選擇。色鉛筆可說是彩色的素描筆，如果說素描是繪畫的基礎，那麼色鉛筆也可以說是彩色上色的基礎。

鉛筆形狀的設計使得攜帶、收納皆很方便，紙質用一般的影印紙即可，因此方便於在工作上使用。

此外，色鉛筆也是其他顏料最佳的輔助工具，可以描邊、增加筆觸、加強顏色...等。

油性色鉛筆上色示範(一)

<構圖重點>

- 領型與身體之間要保留厚度，領型中間點位於身體中心線上
- 微側時，形狀左右會不對稱，例如：弓主線一邊是完整的，一邊則有一部分側到後側面。
- 臀圍部位的皺褶是合身線條的表現。
- 合身裙型下襬會隨著腿的姿勢波動。
- 衣服的斜度應參考身體的斜度。

上色步驟

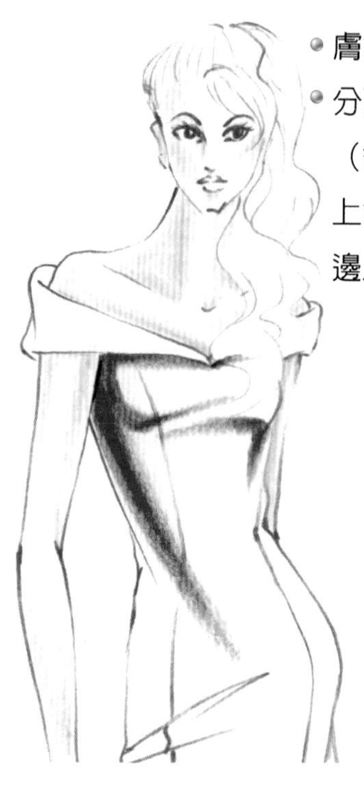

- 膚色最淺，先上膚色。
- 分區塊上色，找出暗面（領下、後背、胸下）上色時最深色勿由最外邊上，邊緣要留下反白

- 在皺褶的位置畫上深色。（腰部、臀圍處）
- 皺褶線是漸漸消失的線條，上色時要由濃漸轉淡。

- 由深色處向旁邊畫出立體漸層感。
- 後背深往前胸漸亮，胸下深，胸部亮。

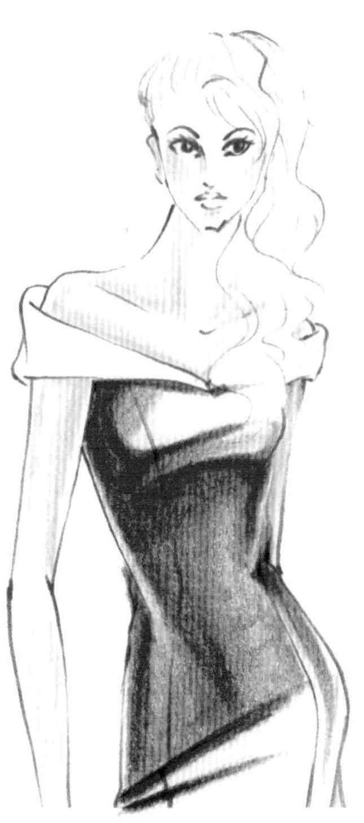

- 胸部亮，但是不要全部留白，否則會太過膨脹。
- 畫上領子。

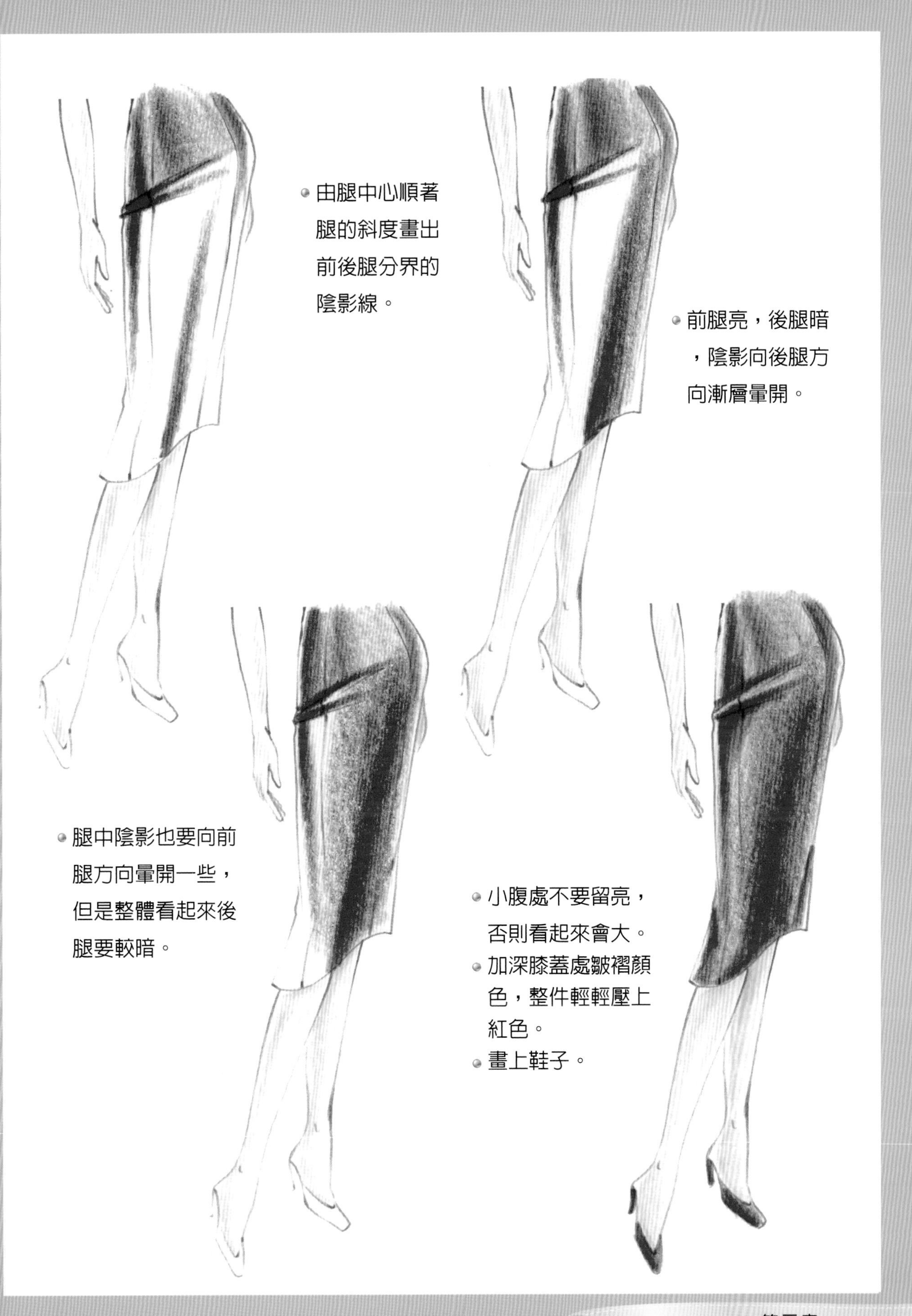
由腿中心順著腿的斜度畫出前後腿分界的陰影線。
前腿亮，後腿暗，陰影向後腿方向漸層暈開。
腿中陰影也要向前腿方向暈開一些，但是整體看起來後腿要較暗。
小腹處不要留亮，否則看起來會大。
加深膝蓋處皺褶顏色，整件輕輕壓上紅色。
畫上鞋子。

<完稿>

- 調整整張明暗，可用更深一點的色鉛筆加深暗面最深處，並將上色後變得不清楚的鉛筆線畫清楚。
- 最後畫上頭髮與彩妝

油性色鉛筆上色示範(二)

<構圖重點>

- 服裝畫應以服裝表現為重點，長髮造型以不遮住服裝為原則。
- 羅馬領的線條，兩邊交錯繪製但不相接，保留布料的厚度。
- 腰環位於中心線上。

膚色上色步驟

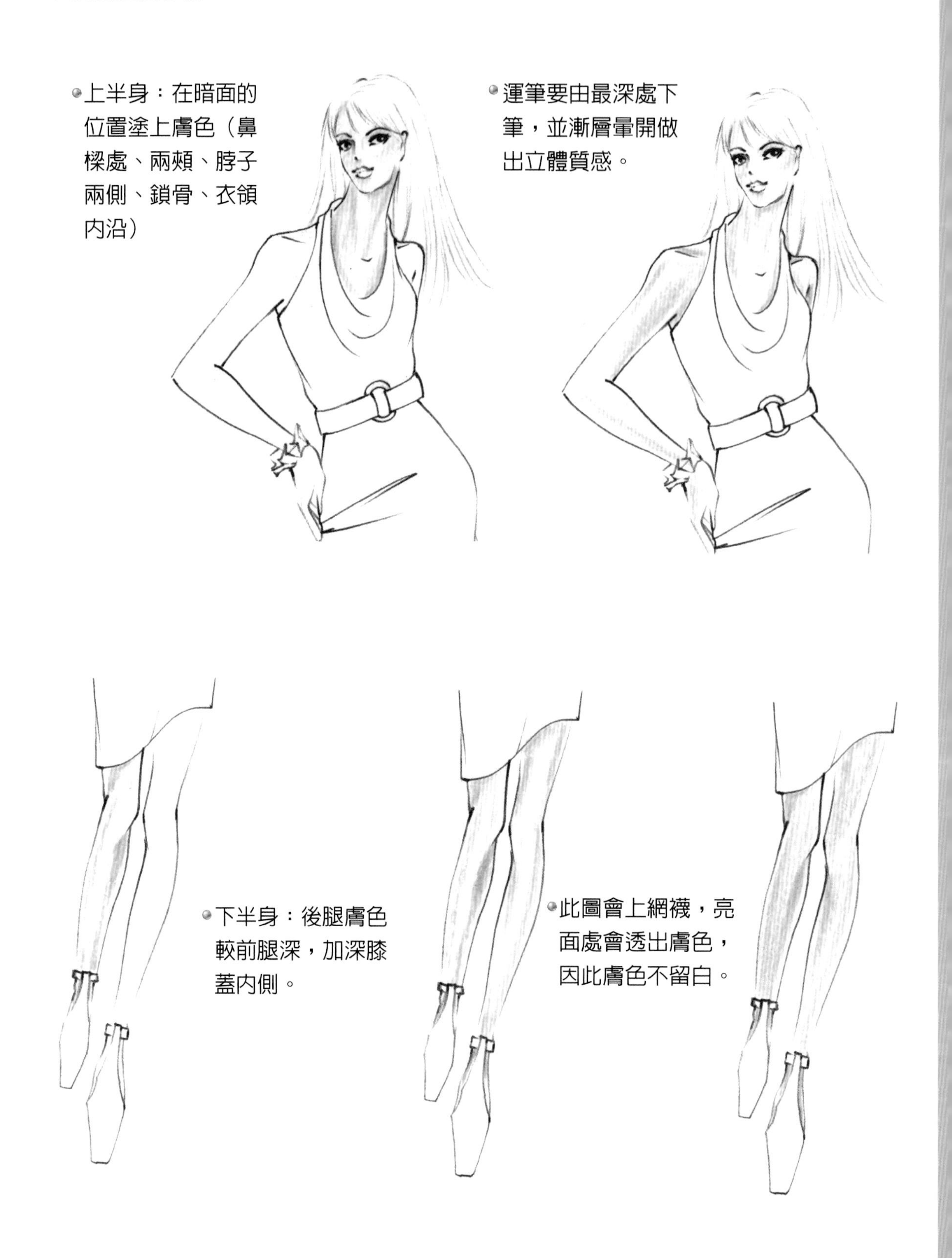

上半身：在暗面的位置塗上膚色（鼻樑處、兩頰、脖子兩側、鎖骨、衣領內沿）

運筆要由最深處下筆，並漸層暈開做出立體質感。

下半身：後腿膚色較前腿深，加深膝蓋內側。

此圖會上網襪，亮面處會透出膚色，因此膚色不留白。

- 找出衣服深色位置：羅馬領皺褶凹處，衣服後背。由最深處下筆，漸層暈開做立體效果。

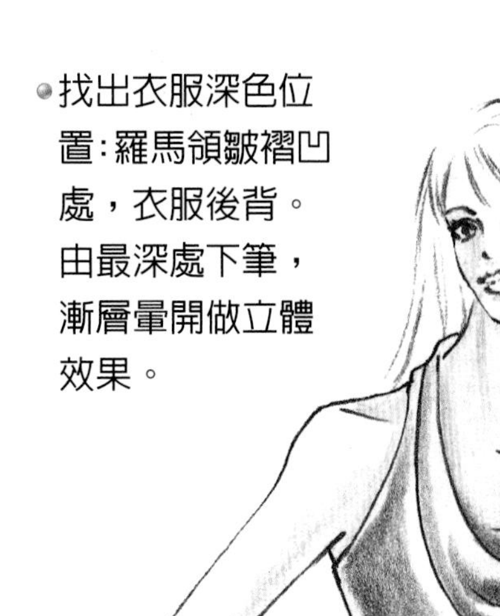

- 羅馬領上色：顏色最深處位於中心凹褶，往左右漸細漸淡，褶與褶中間有布料凸起的的厚度，須留白。

- 下筆由兩腿中心開始，往後腿方向暈開。前腿顏色較亮。

- 豹紋布底上色：挑出亮色、中間色與暗色，顏色差異要大。由中間色先上，再上深色，最後將亮色塗抹於留白處。

<完稿>

- 在腿的陰影處上網襪的顏色，再畫網襪線條，線條對齊單邊，不需畫滿。
- 繪製豹紋布花，在與布褶線相交處之花紋要斷開。
- 最後畫上頭髮與彩妝。

● 油性色鉛筆上色示範(三)

<構圖重點>

- 領"型"要對稱，注意領型左右比例要相同，領中心位置要與中心線呈直角的關係。
- 上衣袖口縮口處與腰帶處，會因緊縮而產生蓬鬆的皺褶，褲口處會因抵住鞋子而產生皺褶。繪製服裝畫時只需畫出重要的皺褶即可，服裝上細碎的皺褶線不需理會。

上衣及髮型上色重點

- 分區塊上色，淺色先上。注意整體的立體感與明暗，前胸亮、後背暗；軀幹亮、手臂暗。

- 波浪褶深凹處最暗、褶面亮，褶面凹陷處畫上微暗的顏色。

- 最深的顏色最後畫，線條要符合身體及服裝造型的曲線。

- 畫頭髮時可挑出深淺兩色做層次。

褲子上色重點

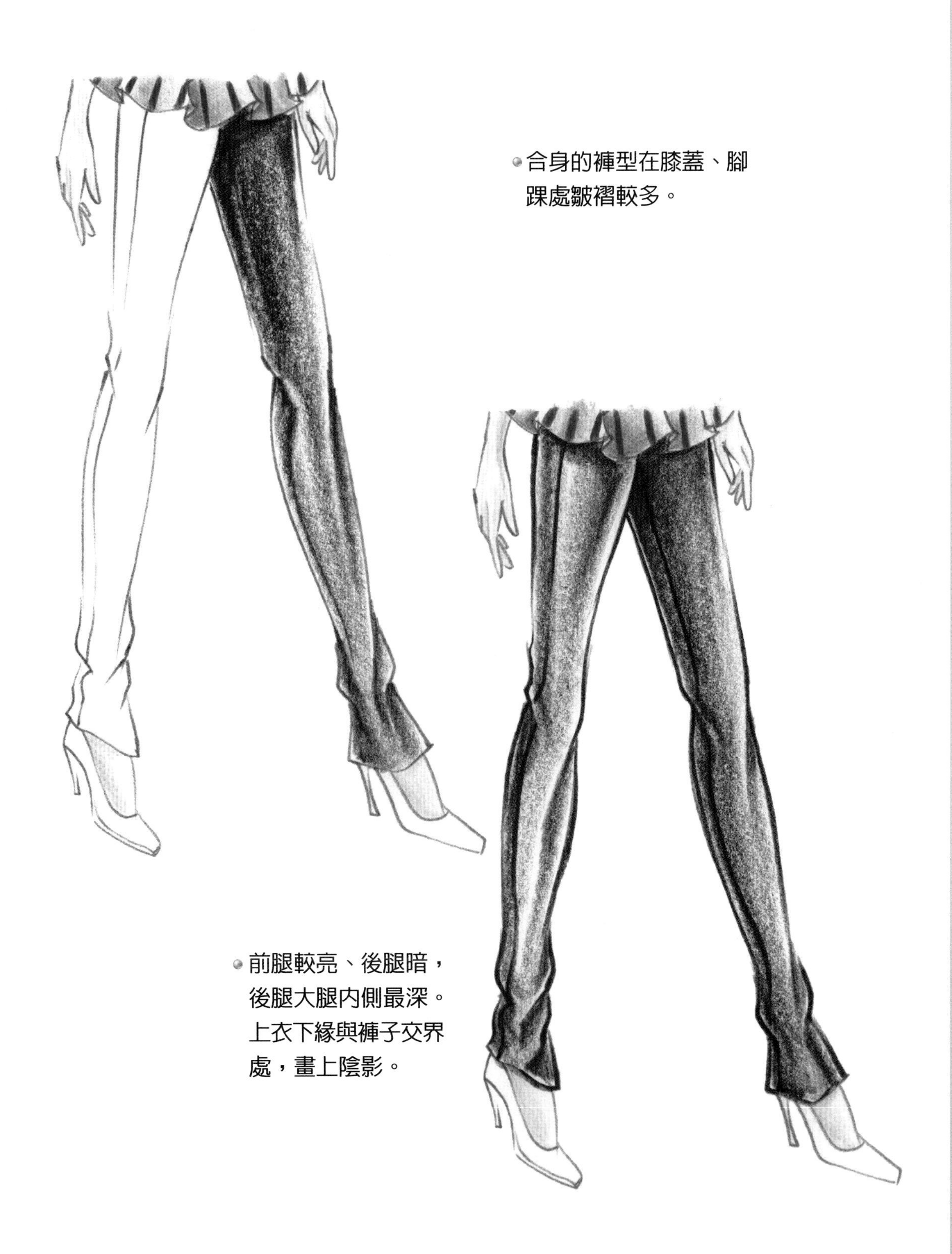

合身的褲型在膝蓋、腳踝處皺褶較多。

前腿較亮、後腿暗，後腿大腿內側最深。上衣下緣與褲子交界處，畫上陰影。

<完稿>

- 將邊緣線條用深色色鉛筆描繪清楚。
- 畫上頭髮與彩妝

●畫材介紹與說明

●麥克筆

麥克筆(品牌:copic)所呈現的顏色質感亮麗飽和，很受喜愛，另外不需調色、方便攜帶也是它的優點。

在原料上有油性、水性、酒精性三種，以揮發速度來說油性最佳、酒精性次之、水性最慢；使用上各有其特色：油性可用於特殊材質如塑膠；酒精性揮發暈染度適中疊色效果最好；水性可加水暈開。

上色時使用麥克筆專用速繪紙效果最好，可以多次疊色又不會穿透紙張。色彩的漸層是靠不同顏色的麥克筆交疊產生的，如果要繪製豐富的漸層及立體感，就需要完整而豐富的顏色。

●水性色鉛筆

水鉛使用起來比水彩方便，大部分的顏色不需要再做調配。具有柔和透明的色感，對於輕柔的布料表現力極佳，此外，水性顏料混色容易、做暈染漸層獨具美感，也是其優點，因此水鉛也是很多人必備的上色工具。

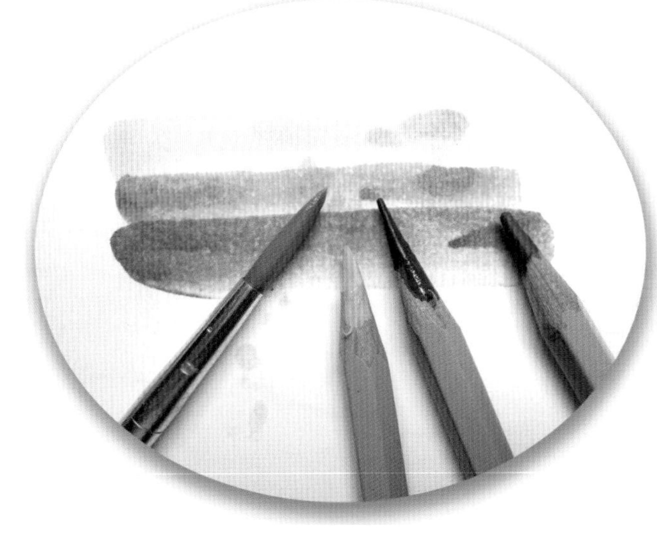

水鉛需要加水調色，可以直接將濕水彩筆沾抹於水鉛上，再繪製於紙上，也可塗於紙上後再加水暈開。一般的時候建議前項使用方法，一來用量較省、再來可在手中將顏色混合後再上色，水分濃淡也比較好控制。

廣告顏料

廣告顏料也是水溶性的，可和水彩一樣用水調配顏色，因此只須使用三原色與黑白就可調出豐富色彩，另外也可選購金銀等特殊色。

呈色效果鮮豔，覆蓋力高，是廣告顏料的特點，同色多層上色，可做出平整飽和的色塊。上色時建議以塊狀的方式上色，分區塊完成，可以達到平整乾淨的畫面。適合表現鮮豔或扎實的布感，也適用於需要在深色上加添淺色時。

粉彩

粉彩選購時以粉質均勻細膩、好推開暈染為佳。材質本身同時具有可覆蓋性與穿透度、亦是水溶性，塗抹完成後也可加水抹畫。混色表現可展現豐富色彩的層次，獨有的夢幻般朦朧色感，是粉彩十分迷人的特色。

上色時要使用表面具有凹凸紋路的紙質，如粉彩紙，才能抓住粉彩顆粒。直接以手指抹開是最方便的上色方式，同時可以透過手的感覺，將顏色加重或輕抹出不同的層次，細微處使用棉花棒上色，也可以先於一旁白紙上混色後在抹於圖畫上。

● 麥克筆上色示範(一)

<構圖重點>

- 上衣門襟及釦子位於身體中心線上，襯衫較為寬鬆，肩線下移，注意襯衫與身體的距離。
- 格線的斜度要隨著腿的曲線變化，由下往上畫，最下端線條平行褲口。

膚色上色步驟

步驟一：在暗面的位置圖上膚色（帽簷下、鼻樑處、兩頰、脖子兩側、鎖骨、衣服內沿）

使用顏色：E00

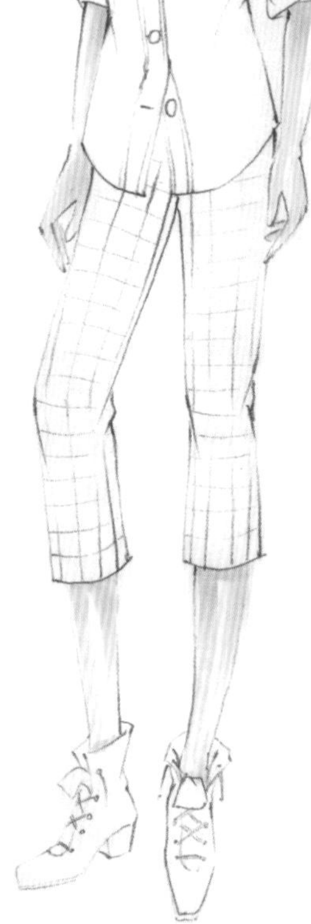

步驟二：在全圖膚色留白的位置圖上亮膚色。

使用顏色：R00

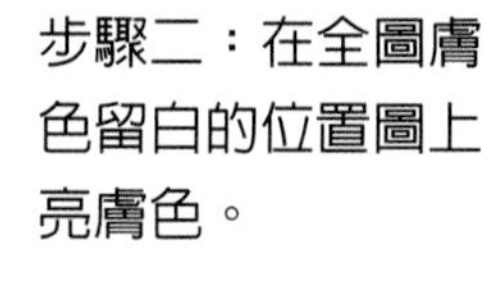

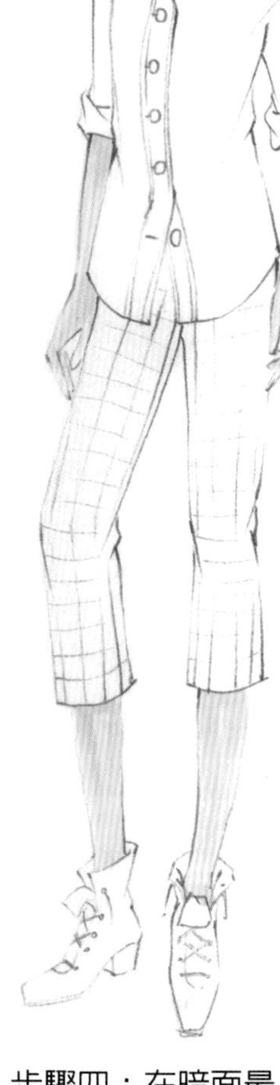

步驟三：在暗面更深處上深膚色。

使用顏色：YR00

步驟四：在暗面最深處上最深膚色。

使用顏色：E11

● 服裝上色重點

● 淺色先上，先畫上衣、再畫褲子。白色上衣運用灰色在陰影處做出立體感，切勿塗太多

使用顏色：C1

C3

● 在腿部中心位置處留白，內側、衣服下沿及皺褶處加深色彩，做出立體感

使用顏色：B95

：C1

：B97

- 格紋的雙色線，白色部分要使用可覆蓋性的原料，此圖使用白色的漆筆繪製

- 釦子下緣塗上1/2圈陰影。

使用顏色:C5

<完稿>

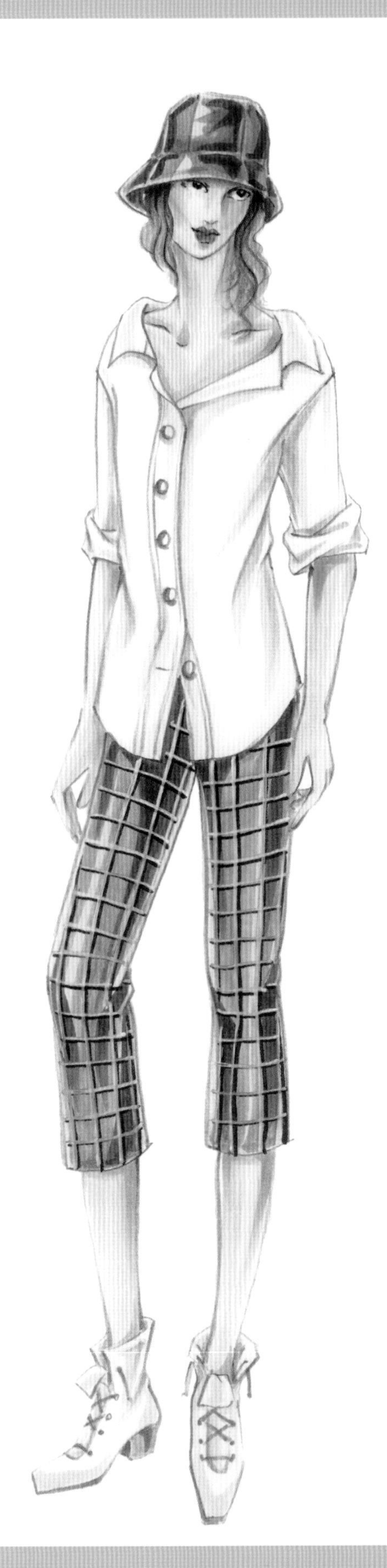

- 運用色鉛筆將邊線不清楚處畫得更清楚，切勿整圈描邊。
- 最後畫上頭髮與彩妝

麥克筆上色示範(二)

<構圖重點>

- 胸部皺褶在畫時要有短有長，並於中心緊縮，外圍呈放射狀。
- 腰帶斜度與裙子斜度皆與身體腰臀斜度相同。

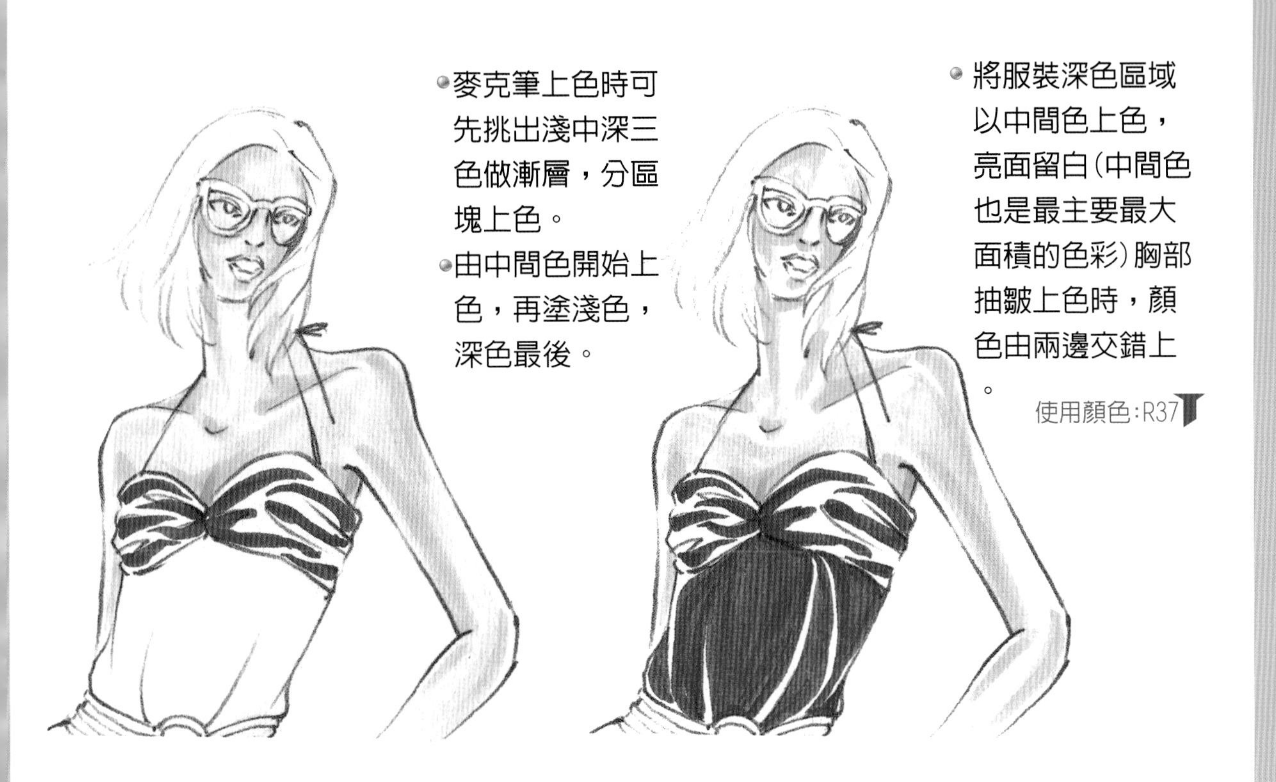

- 麥克筆上色時可先挑出淺中深三色做漸層，分區塊上色。
- 由中間色開始上色，再塗淺色，深色最後。

- 將服裝深色區域以中間色上色，亮面留白(中間色也是最主要最大面積的色彩)胸部抽皺上色時，顏色由兩邊交錯上。

使用顏色：R37

- 在留白處填上亮色。

使用顏色：E08

- 在暗面最深處塗上最深色。

使用顏色：R59

汽球裙形狀較立體，因此會產生較多皺褶，皺褶線條要符合裙形呈弧狀。

使用顏色:R37

留白處塗上淺色，陰影最深處塗上深色。

使用顏色:E08
:R59

<完稿>

- 以銀色漆筆畫上圓點

- 最後畫上頭髮與彩妝

頭髮 使用顏色:Y11
:Y15
:YG91

麥克筆上色示範(三)

<構圖重點>

- 將外套釦子打開，才可以清楚可看見內搭款式。
- 領型在描繪時，可先設定好領圍寬度與領深。
- 採用比較正面的姿勢，比較適合繪製這樣工整的套裝圖樣。

服裝上色重點

塗上主要的色彩，分割出塊狀區域上色
使用顏色:W3
留白處塗上淺灰色
使用顏色:W1
暗面最深處塗上深灰色。
使用顏色:W5
:C7
塗上衣領色，並用咖啡色色鉛筆畫上布紋線。
使用顏色:E47
:E71

裙中心、裙與衣服交接位置為深色，留白處塗上亮色。

使用顏色:E47
:E71
:C7

加上一層色鉛筆，可添加布料的厚實感。

<完稿>

- 畫上黑色毛衣，羅紋組織線條以白色色鉛筆繪製。

- 最後整理邊線，畫上頭髮與彩妝

  頭髮 使用顏色E43 W5
  彩妝 使用顏色E08

● 水性色鉛筆上色示範(一)

<構圖重點>

- 上衣布料柔軟，因此線條筆觸以弧線為主。
- 褲子的牛仔布較硬挺，因此線條較直，皺褶較立體。

膚色上色步驟

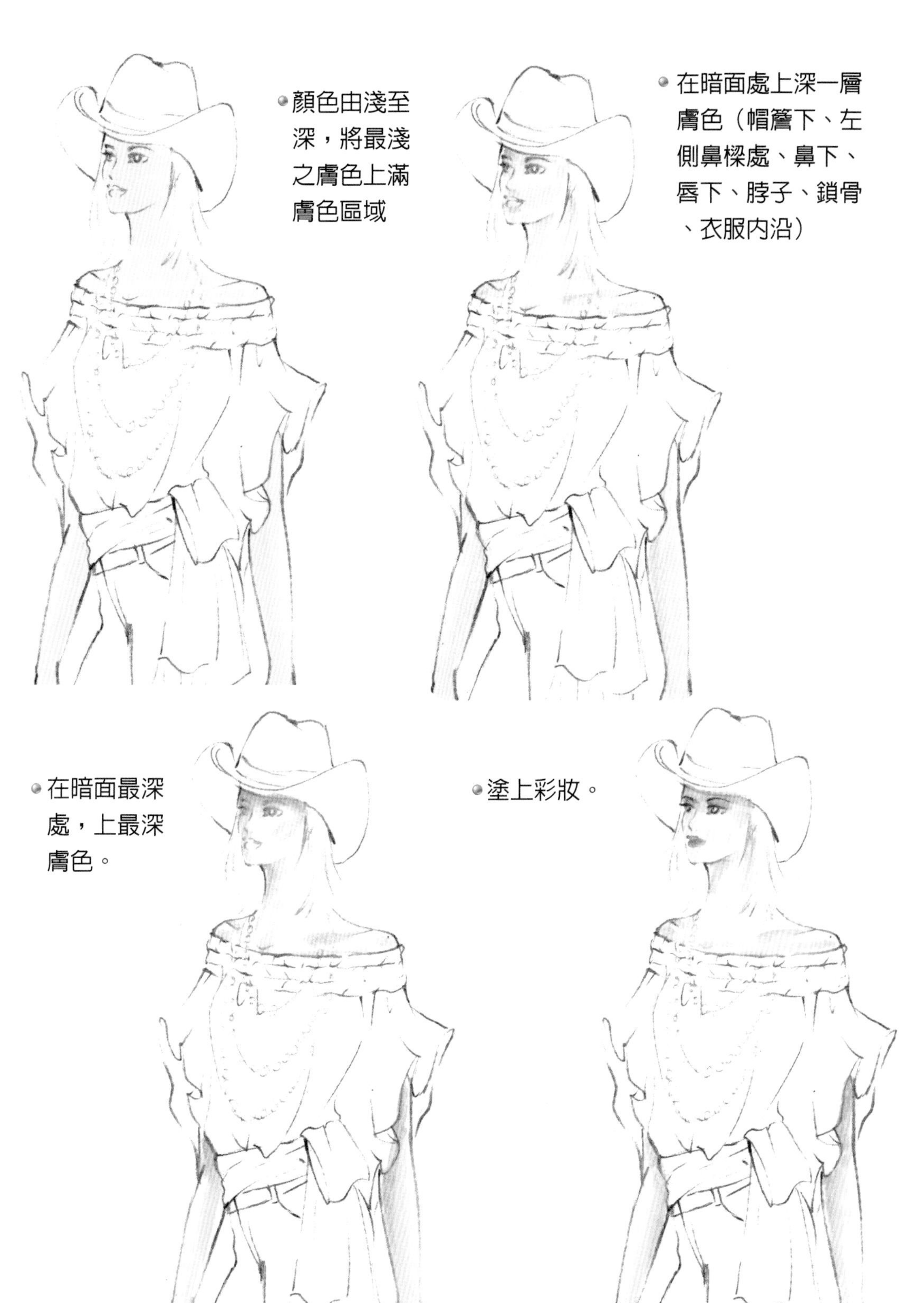
顏色由淺至深，將最淺之膚色上滿膚色區域
在暗面處上深一層膚色（帽簷下、左側鼻樑處、鼻下、唇下、脖子、鎖骨、衣服內沿）
在暗面最深處，上最深膚色。
塗上彩妝。

服裝上色重點

由陰暗處下筆並暈開做漸層，皺褶凸起處需留白。

換深色，身體在前、袖子在後，因此加深袖子；領口鬆緊帶皺褶加深。

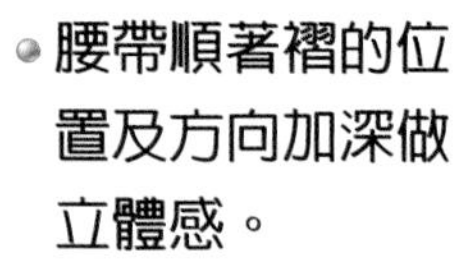

腰帶順著褶的位置及方向加深做立體感。

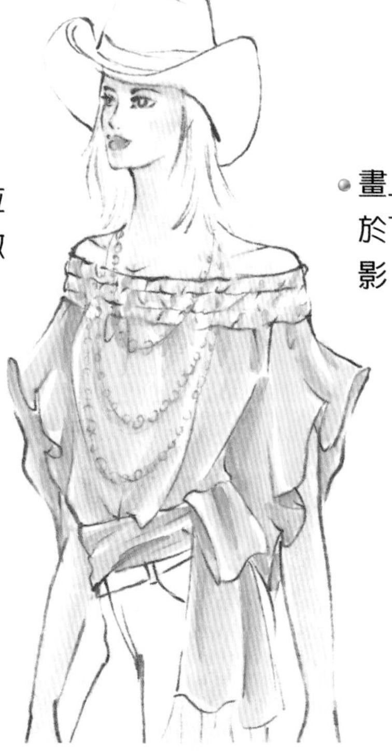

畫上項鍊，並於下方加上陰影。

牛仔上色重點

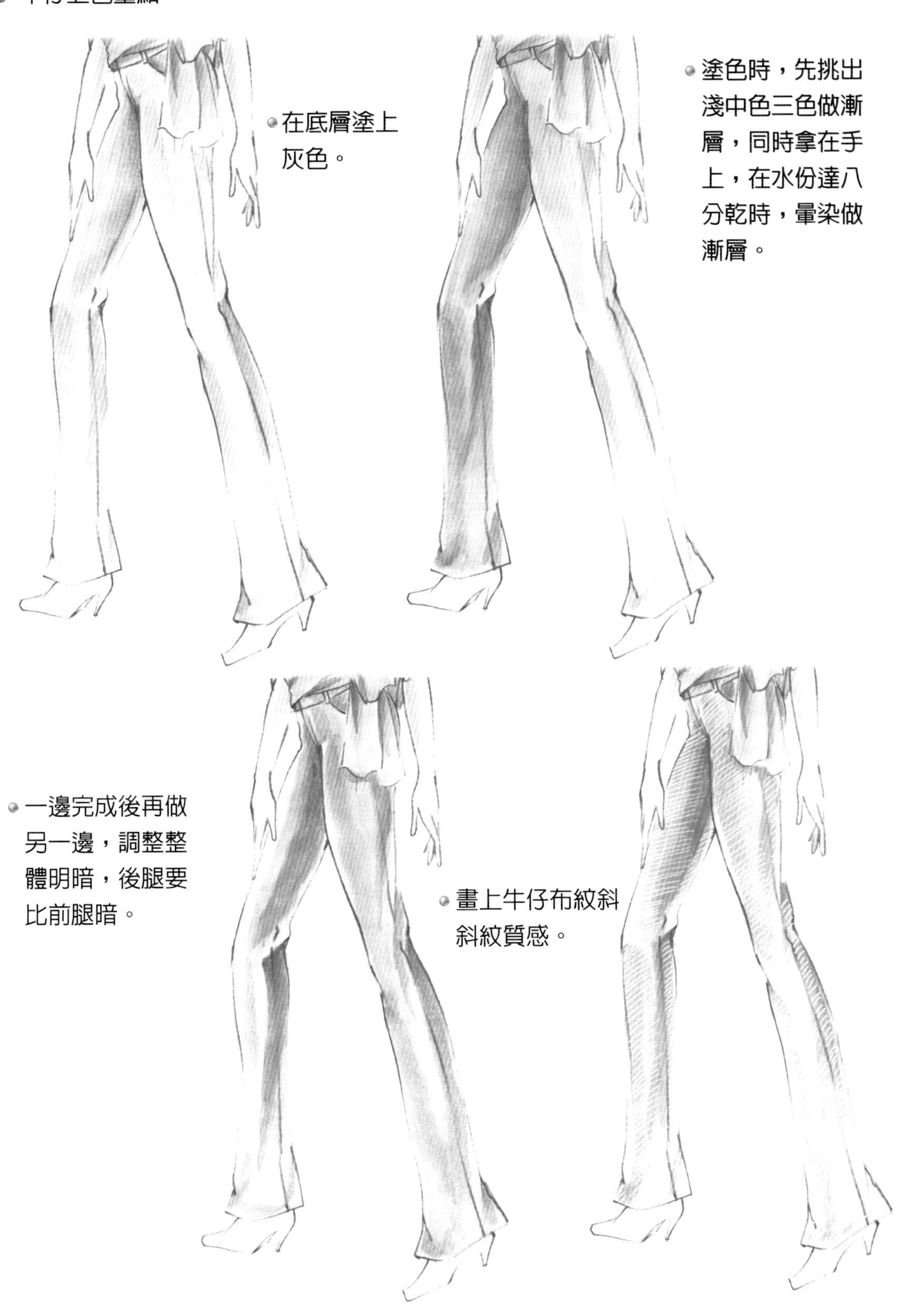
在底層塗上灰色。
塗色時，先挑出淺中色三色做漸層，同時拿在手上，在水份達八分乾時，暈染做漸層。
一邊完成後再做另一邊，調整整體明暗，後腿要比前腿暗。
畫上牛仔布紋斜斜紋質感。

水性色鉛筆上色示範(二)

<構圖重點>

- 綁帶位於後中心線上。
- 雙層的裙子，下層要內縮，裙邊斜度往上透視延伸，應與上層裙一同接於腰間。

頭髮上色重點

挑出深淺兩～三色做頭髮的漸層，淺色面積大，深色面積小。

顏色深淺層次完成後，以色鉛勾勒出髮絲。

上衣上色重點

手臂內側為衣服最深色處，由此開始著色，往內暈開做出漸層。

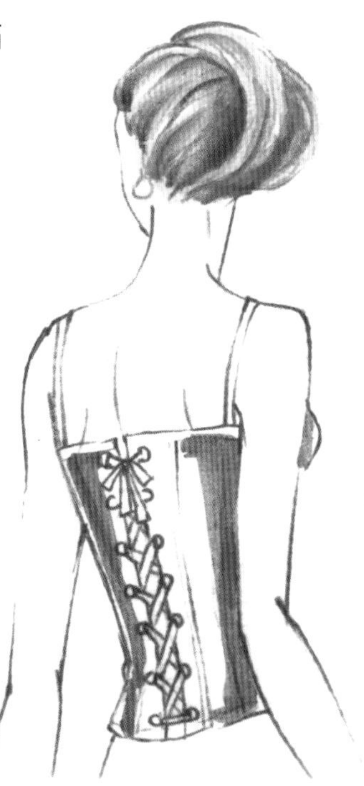

綁帶在上為淺色，加深綁帶內沿。

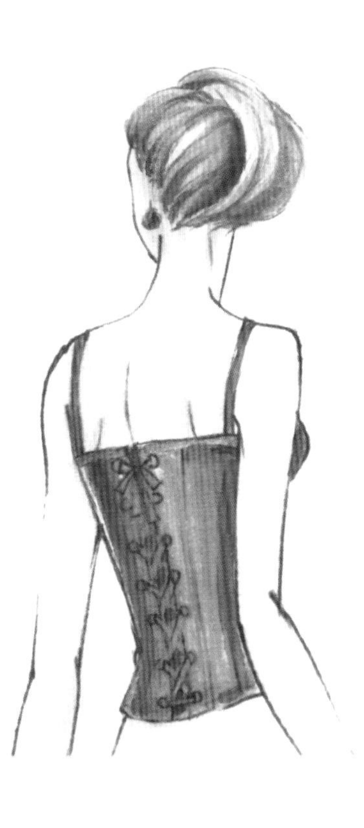

裙子上色重點

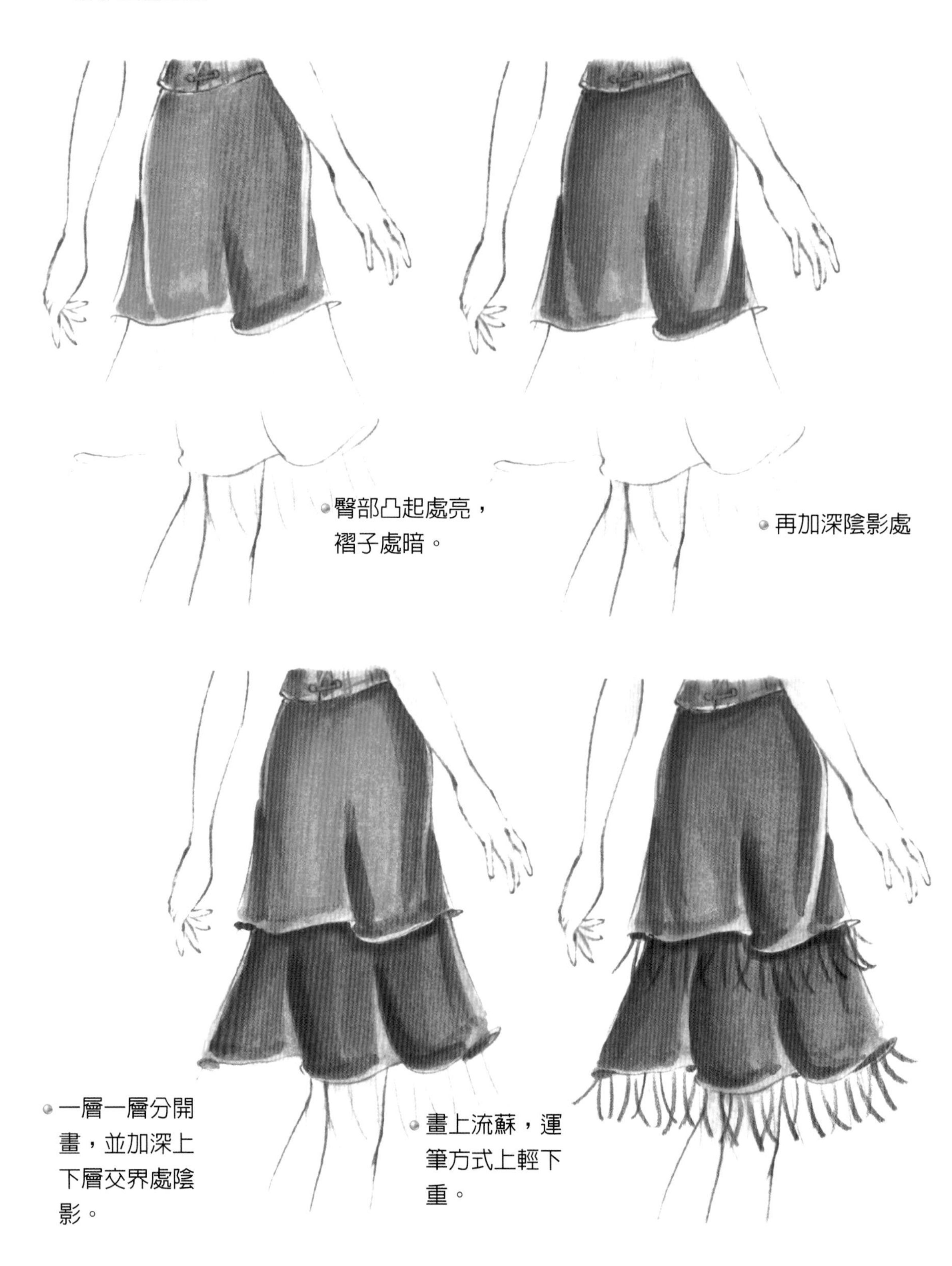

混合畫材(一)皮紋與毛領

- <使用畫材>水性色鉛筆、油性色鉛筆、廣告顏料

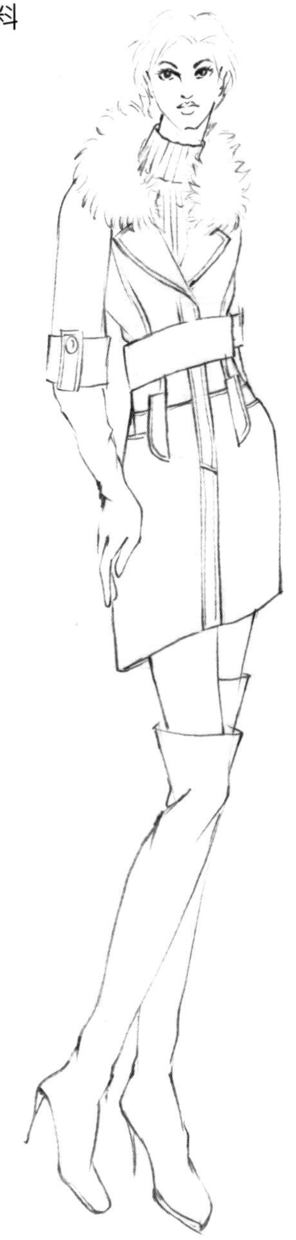

<構圖重點>

- 勾勒出毛領的範圍
- 此款衣服切線較多，微側站姿才能展現側邊切線位置。

皮紋上色重點

以油性色鉛筆上色，將皮料墊於底部拓印。

以水性色鉛塗上衣服色。

再換上更深色，調整整體明暗。

● 毛領上色重點

- 以廣告顏料上毛領（廣告顏料具有覆蓋性，可疊色，適合表現毛的豐富層次）。

- 第一層色：將大面積塗上淡淡的毛色，並做出明暗。
- 第二層色：再將顏色加深加濃，畫出毛狀。

- 第三層色：畫上稍亮的顏色，注意濃度不可淡於第二層色。

- 第四層色：畫上最濃最深的色，注意層次表現，不要遮蔽下層層次。

混合畫材(二)毛衣

- <使用畫材>水性色鉛筆、廣告顏料

<構圖重點>

- 毛衣較厚重寬鬆，領子翻褶處要表現出厚度，寬鬆的衣身，肩線位置要外移。
- 寬鬆的褲子，褲檔的位置要下降。

上衣上色重點

以水性色鉛筆上色，挑出淺綠、深綠、咖啡三色做漸層暈染。

分區塊上色

後袖處為最深的陰影。

調整整體明暗，運用色鉛筆將形狀邊緣描繪清楚。

● 褲子上色重點

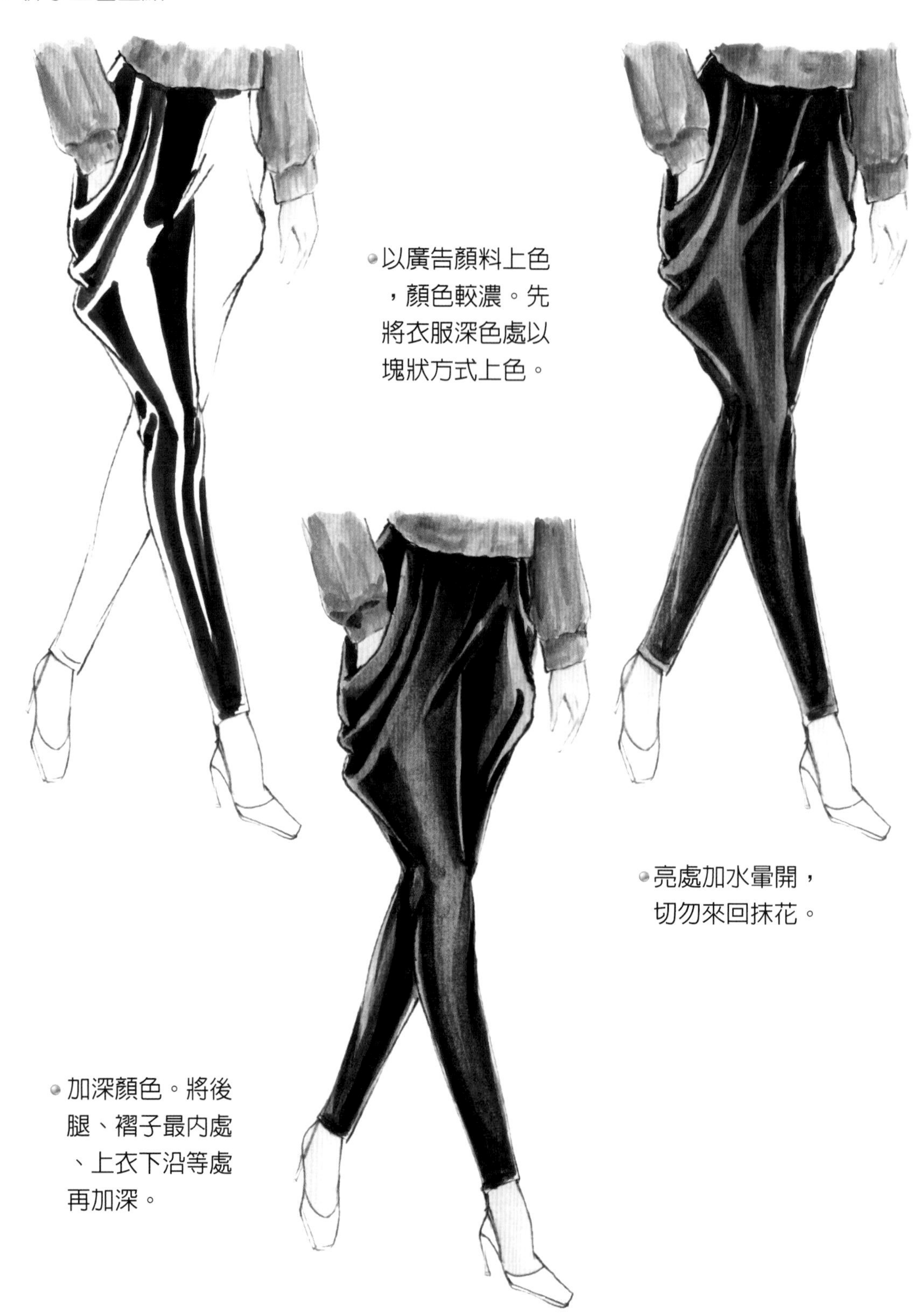

以廣告顏料上色，顏色較濃。先將衣服深色處以塊狀方式上色。

亮處加水暈開，切勿來回抹花。

加深顏色。將後腿、褶子最內處、上衣下沿等處再加深。

混合畫材(三)蕾絲

- <使用畫材>水性色鉛筆、油性色鉛筆、廣告顏料

<構圖重點>

- 上衣貼身，在重點關節處表現皺褶，裙子較寬大、布料有垂度，會產生較多皺褶與波浪。
- 拖地的裙型，不需要畫出腳，裙長到底之後往橫向畫。

上衣上色重點

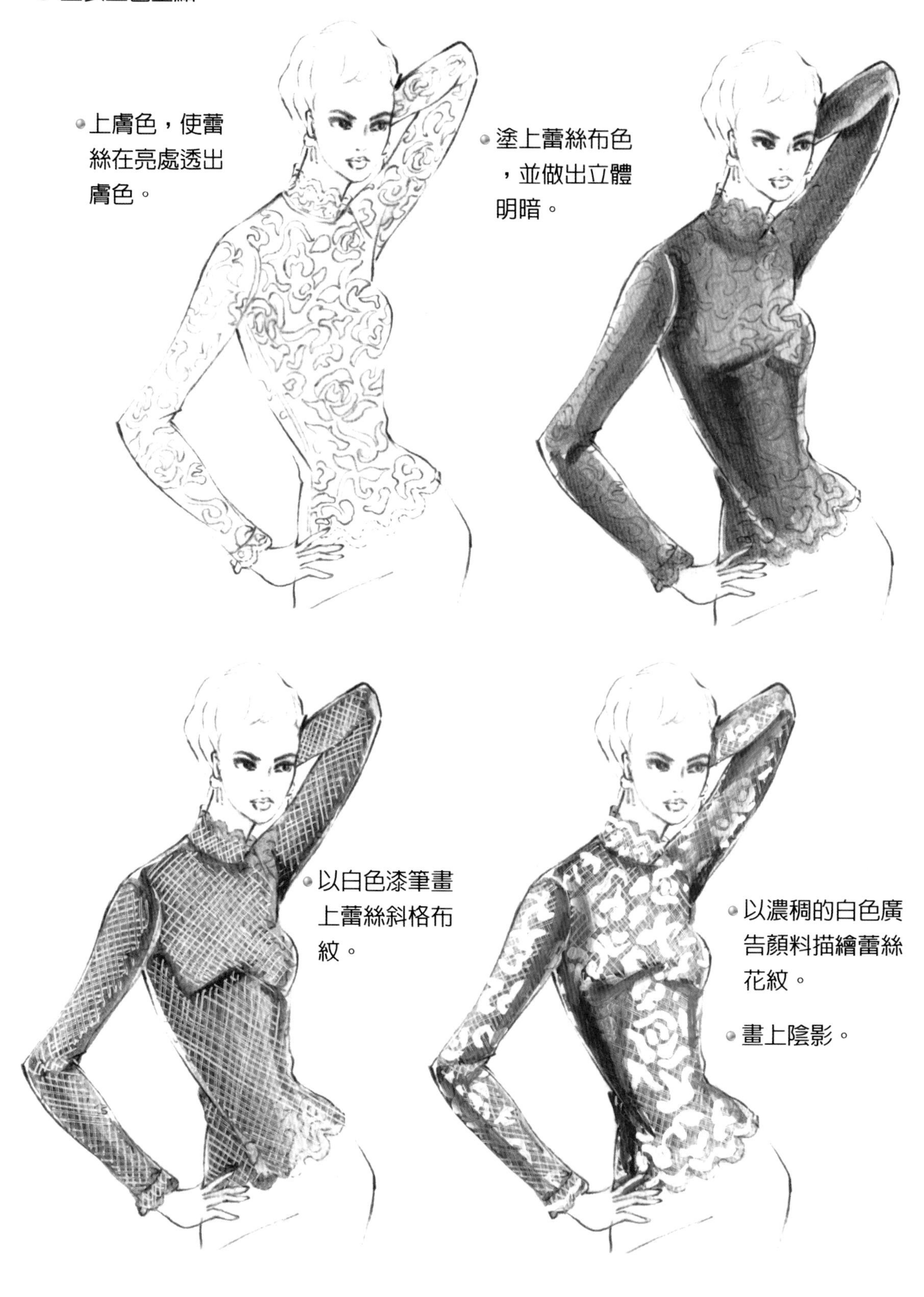
上膚色，使蕾絲在亮處透出膚色。
塗上蕾絲布色，並做出立體明暗。
以白色漆筆畫上蕾絲斜格布紋。
以濃稠的白色廣告顏料描繪蕾絲花紋。
畫上陰影。

裙子上色重點

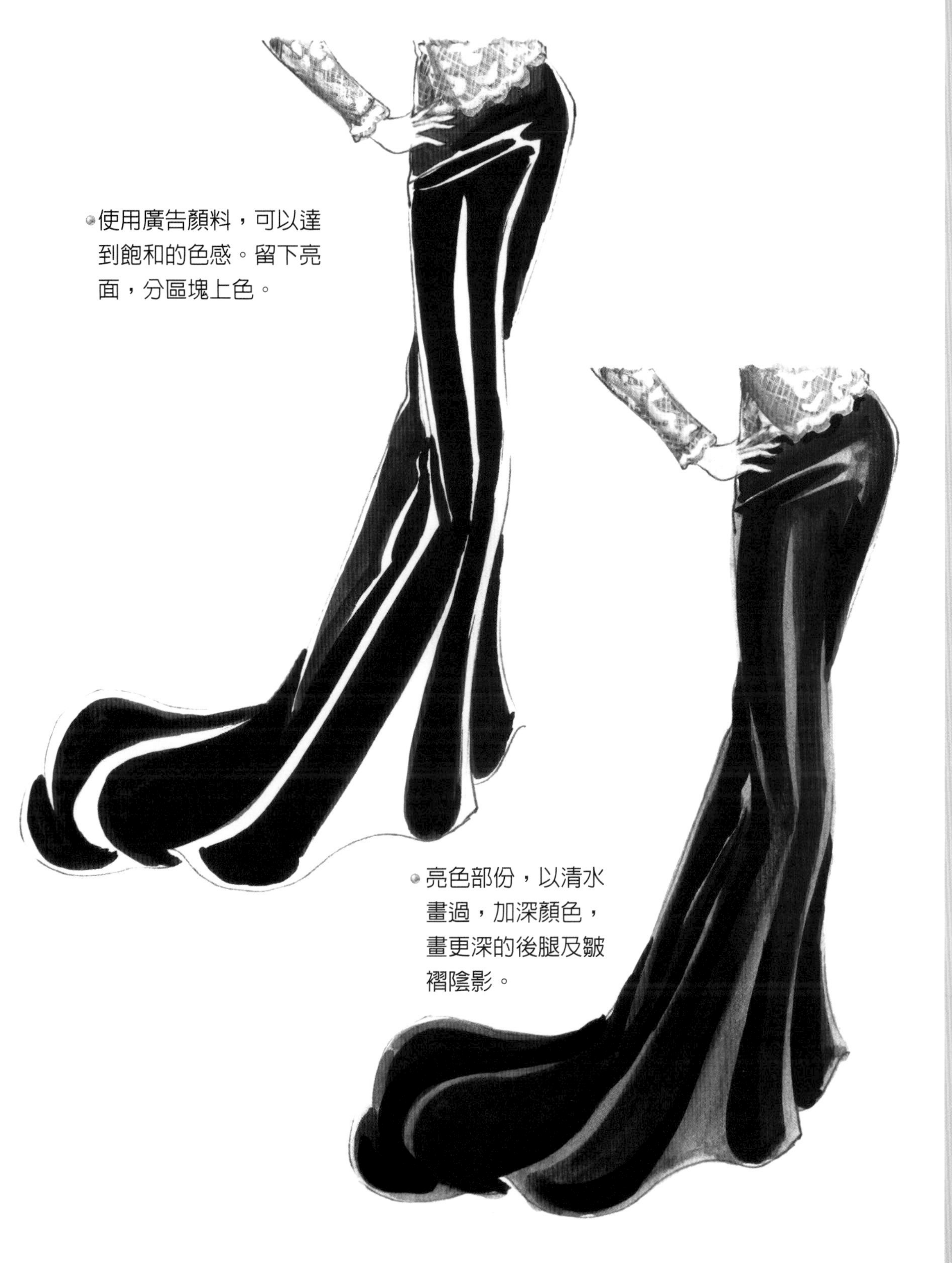

● 混合畫材(四)薄紗

- <使用畫材>粉彩、水性色鉛筆

<構圖重點>

外層為透明的紗質，內層是可看見的，因此需要繪製，注意在內外層交界處要以虛線表示。

上半身上色重點

- 先上水性色鉛筆的部份。粉彩部分需等待水鉛全乾後再上色。
- 與薄紗相疊處要留白，便於上薄紗的顏色

- 粉彩上色時以手抹開效果最好，因為手可以控制力量將粉彩薄塗或壓實。
- 細處可以棉花棒代替手作畫。

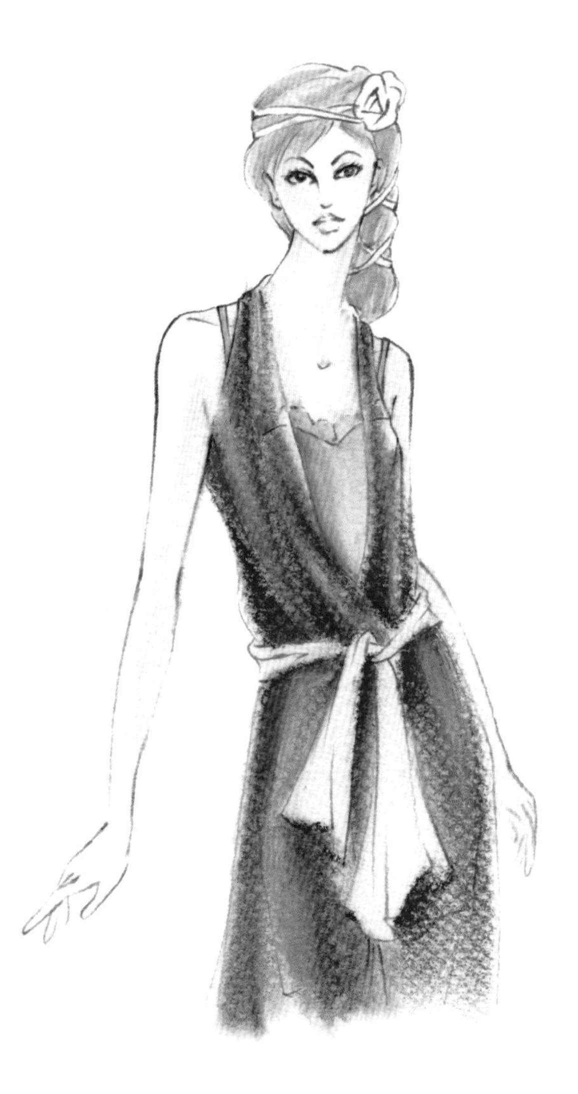

下半身上色重點

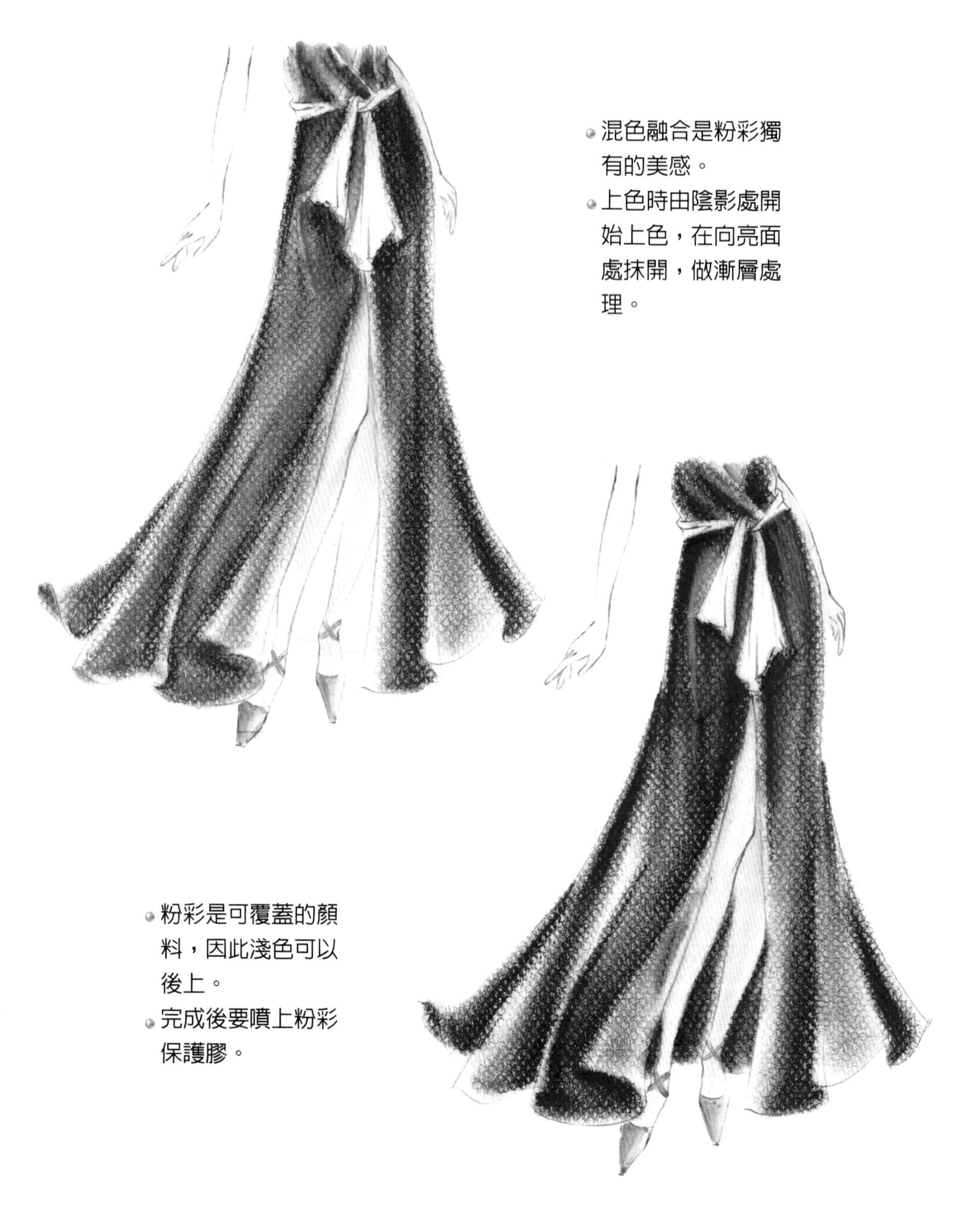

- 混色融合是粉彩獨有的美感。
- 上色時由陰影處開始上色，在向亮面處抹開，做漸層處理。

- 粉彩是可覆蓋的顏料，因此淺色可以後上。
- 完成後要噴上粉彩保護膠。

Chapters 4
平面圖繪製

第四章　平面圖繪製

平面圖在繪製時不同於設計圖要求的線條美感，更注重的是工整細緻，它是服裝細節的完整詮釋圖，也是工廠大貨製作的生產參考圖。人形服裝畫及平面圖都是設計師必備的繪圖技巧，打版師可以藉由設計師的服裝畫來揣摩設計的比例及線條感，這是平面圖所不能取代了；反之，設計圖為了要呈現構圖及線條的美感，必定無法兼顧平整與細節，因此需要平面圖輔助，才能完整詮釋設計細節與線條美感。

平面圖繪製方法

底稿繪製

為了要求平整對稱，平面圖繪製時需要墊底稿，畫起來才不會大大小小，歪扭不齊。

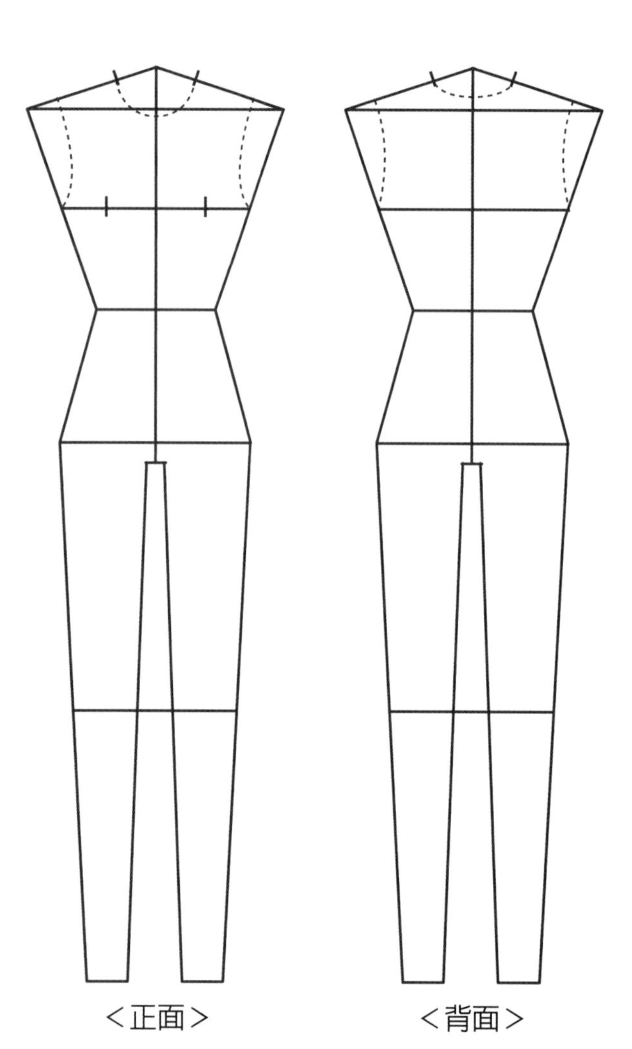

- 繪製時以八頭身的比例為基準，畫起來接近真實比例，感覺較自然。
- 領肩點、ＢＰ點、袖襱線、股上...等位置點，皆要標示出，正面與背面都要繪製。
- 點和點之間以直線相接即可，畫時需再衡量服裝與身體之間的距離。

背心上衣繪製重點

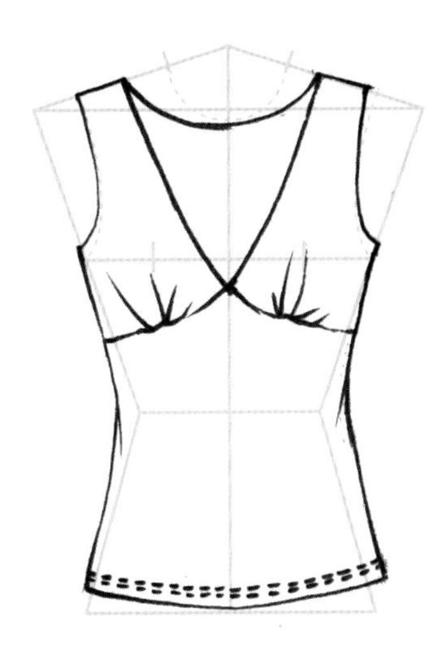

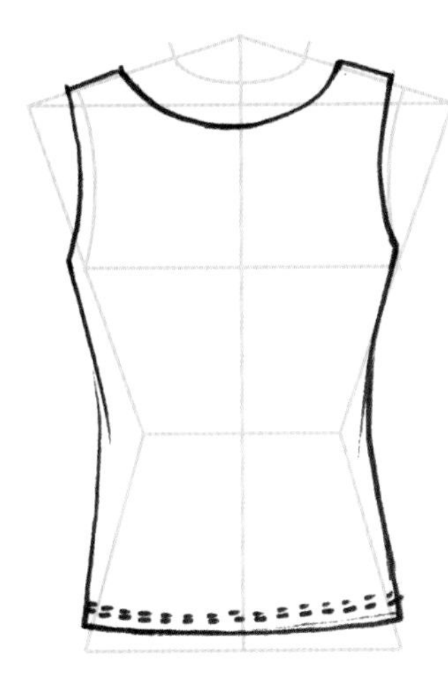

- 墊稿繪製，左右領型對稱，交於中心，以此圖領口位置來看，會略露乳溝線。
- 背心袖襱較高，略高於胸線
- 平面圖一律要繪製背片，脇邊長度、肩長、與身體的寬鬆份皆要等同前片。
- 車縫線也要細心繪製。

背心上衣範例

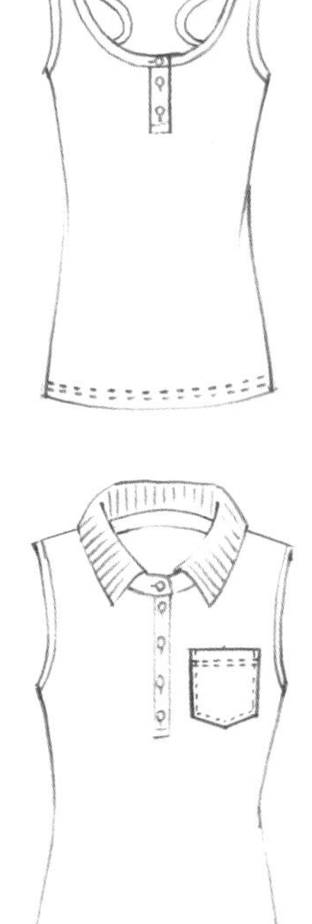

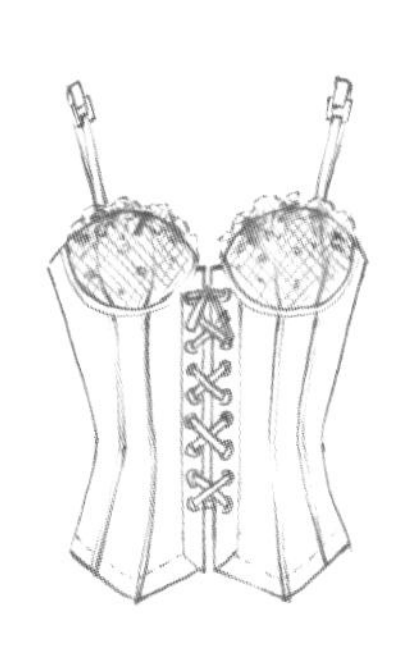

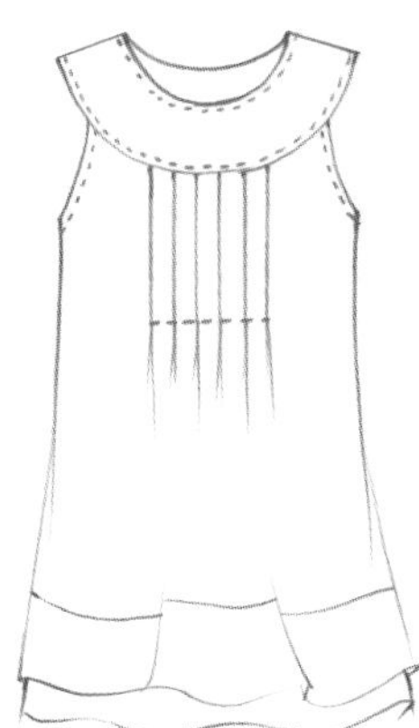

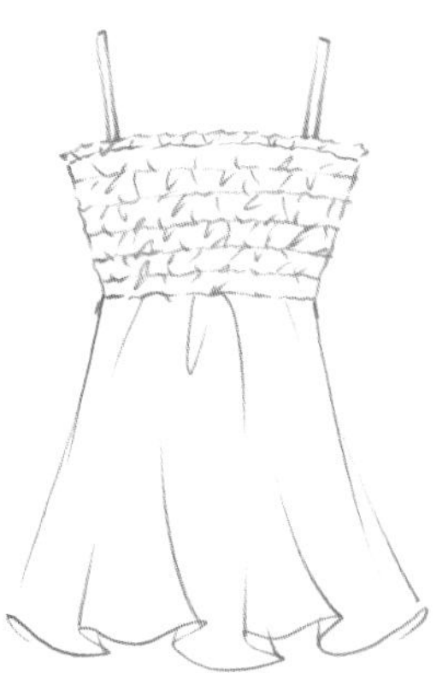

襯衫繪製重點

- 前片釦子要對著中心線，門襟處有重疊份。
- 釦洞要標示出開釦方向，胸褶朝向BP點畫。
- 女裝有前垂份，前中會較長。
- 袖口有開釦洞設計時，需將後片袖往前翻轉，才能清楚表示。

襯衫上衣範例

外套繪製重點

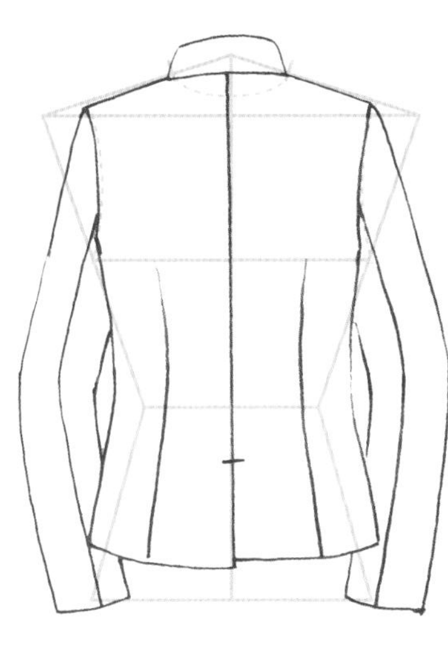

- 袖子略彎時可以清楚表示袖片剪接。
- 注意衣服與身體之間的空隙，大部分的外套和身體之間會存在較大的鬆份。
- 弓主線在畫時，由BP點外側略過即可。

外套範例

大衣範例

針織範例

洋裝繪製重點

- 底稿需有下半身的比例。
- 前片有前垂份，下襬要畫出弧度，後片下襬較平。
- 拉鏈要畫出止點位置。
- 胸褶與腰褶皆要朝向BP點。

洋裝範例

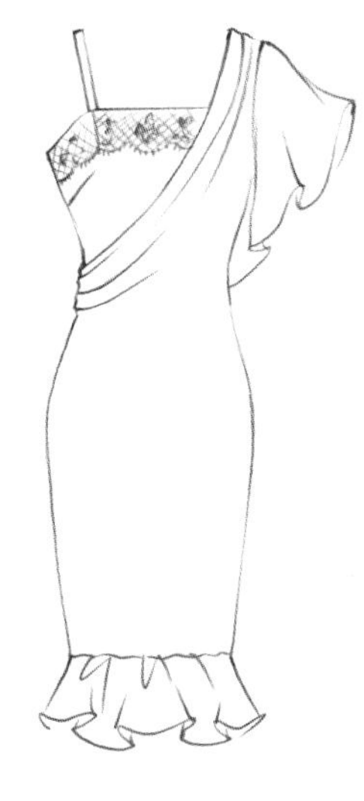

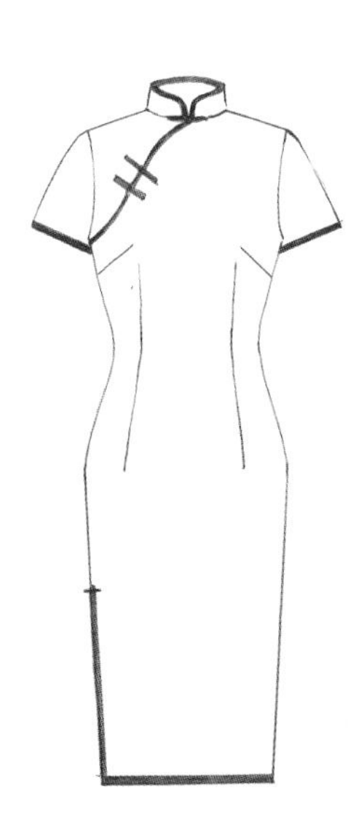

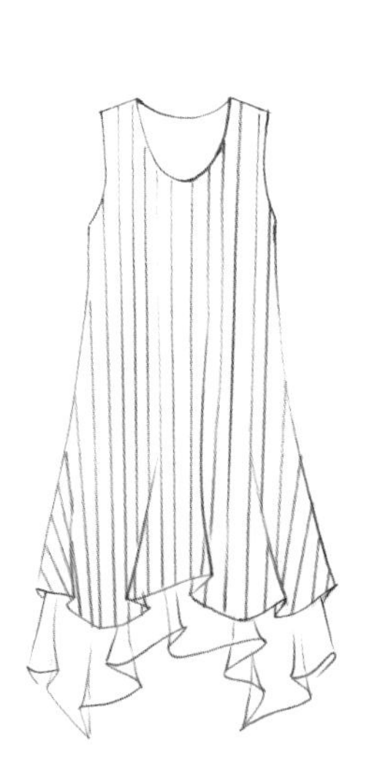

裙子繪製重點

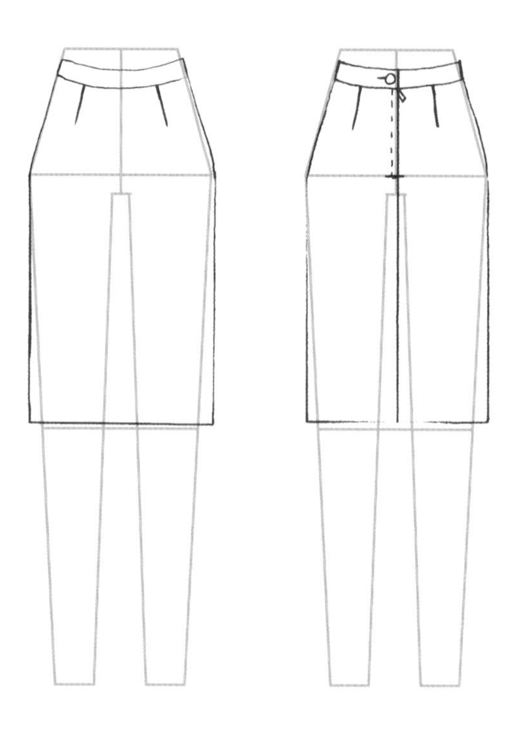

裙型要注意左右對稱，直筒裙下襬寬度等同臀圍，窄裙小於臀圍，A字裙寬於臀圍。(下圖)

腰圍位置(在畫下半身裙褲款式時，可將腰圍線以虛線畫出，標明腰圍位置)

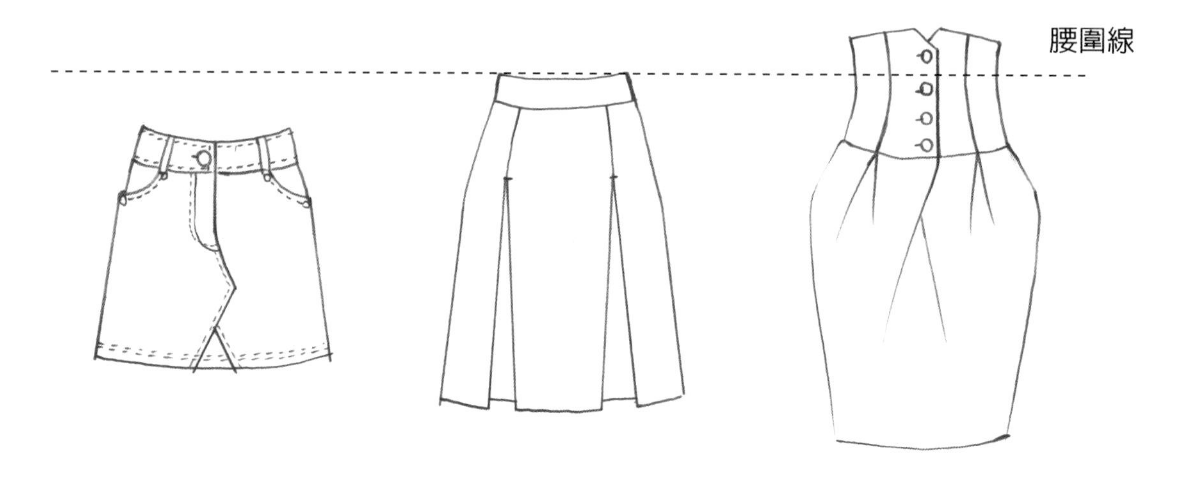

- 低腰圍－腰線低於腰圍線。腰頭較彎，可在圖上再加以標示低幾吋，給打版師參考。
- 中腰圍－腰線位於腰圍線。腰頭較直，因為小腹完整包覆，因此會有腰褶產生。
- 高腰圍－腰線高於腰圍線。合身款式會出現腰部曲線。

裙子範例

褲子繪製重點

（正面）

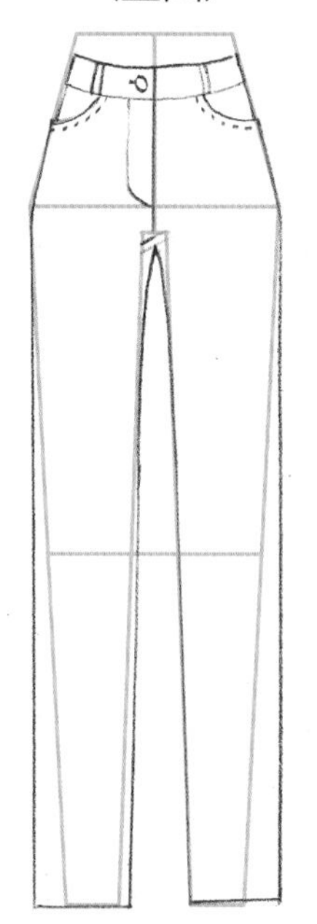

（背面）

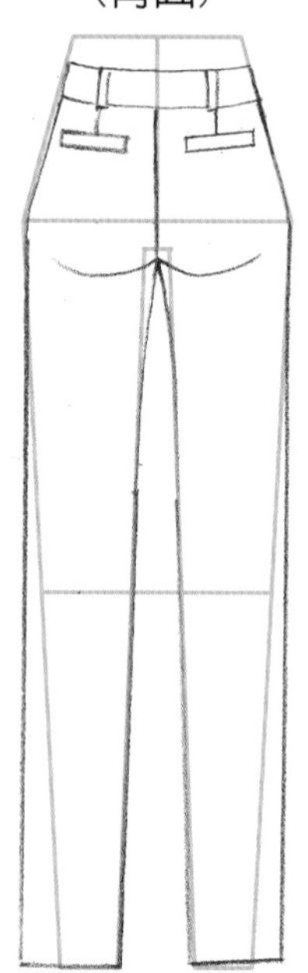

（側面）

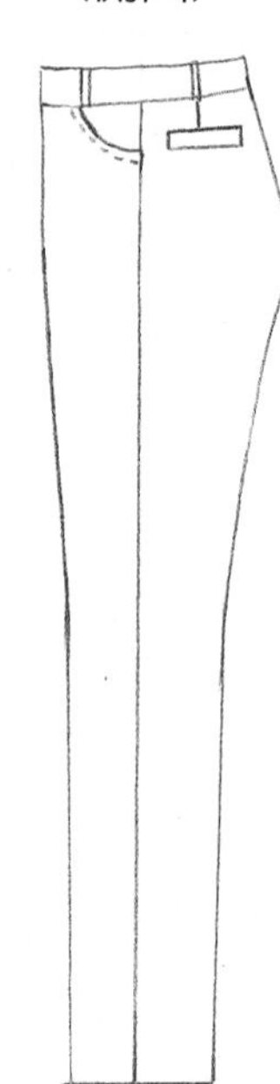

- 褲中心線居中，褲檔位置要標示
- 腰圍線及腰頭寬度比照前片
- 小腹平整，臀向外凸出，褲管後片大於前片

褲子範例

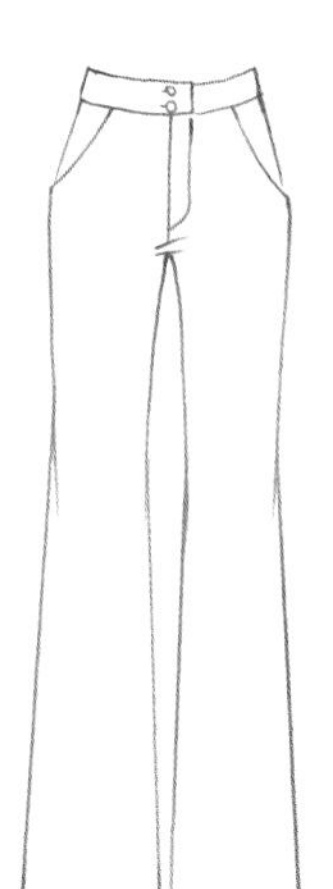

波浪局部練習

波浪(一)

這樣的波浪適合用料比較多的裙形，如:圓裙

先畫波浪形狀

再畫波浪摺線，可參考90°的方向畫

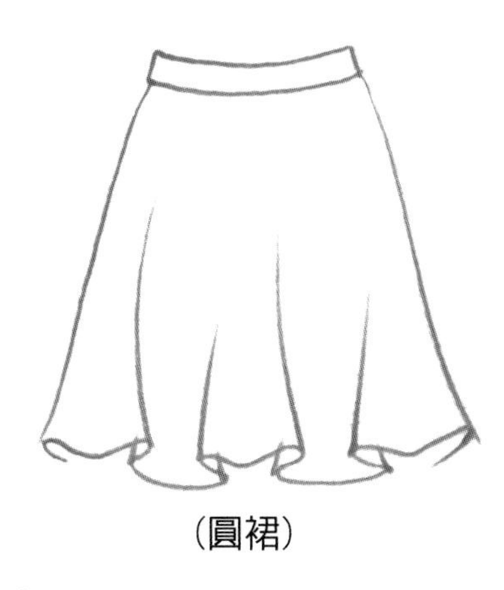

(圓裙)

(蛋糕裙)

波浪(二)

這樣的波浪適合比較挺的布或是比較短的狀況，如:前襟荷葉邊。

● 波浪(三)

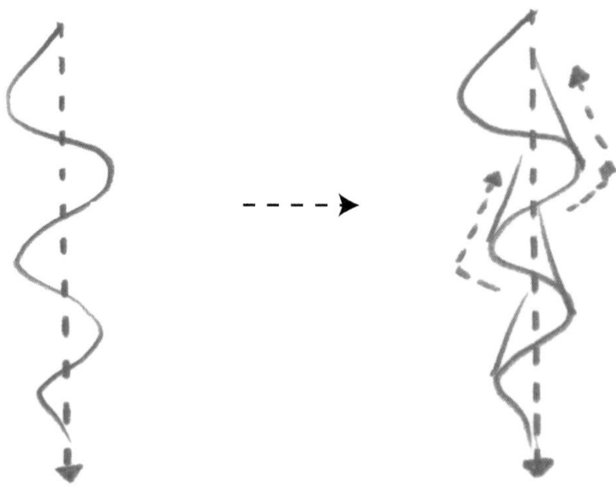

先畫波浪再畫褶線。

波度會橫跨中心，並且會越來越小。

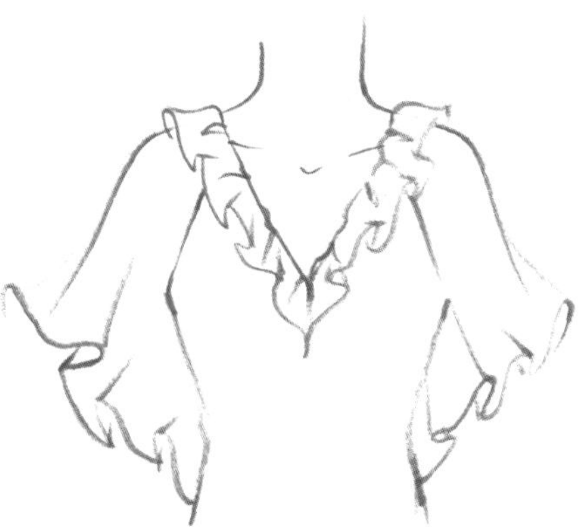

波浪可以混合用，看起來較活潑。(如圖左&圖中)

如果是斜裙則不會產生如此大的波浪，只會在下襬產生些許弧度。(圖右)

條紋畫法

圓裙版型

腰圍部分未抽皺，版型呈半圓形狀。因此兩邊線條會隨著布料下垂的弧度而往下斜（圖右）

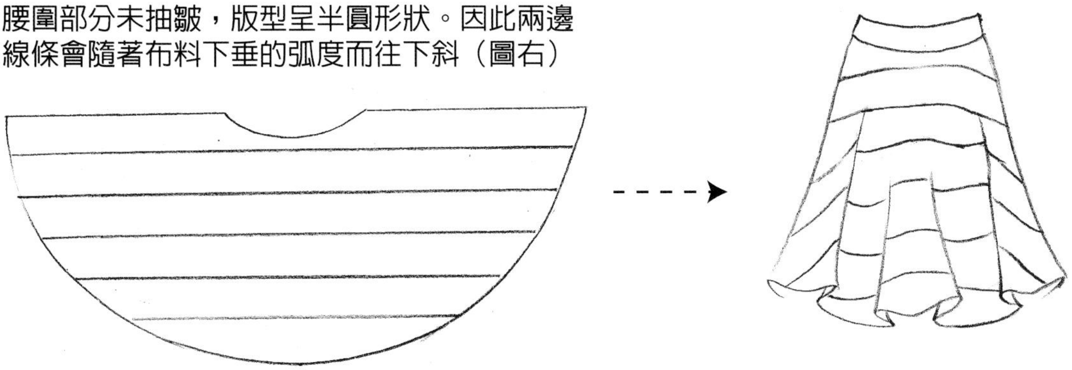

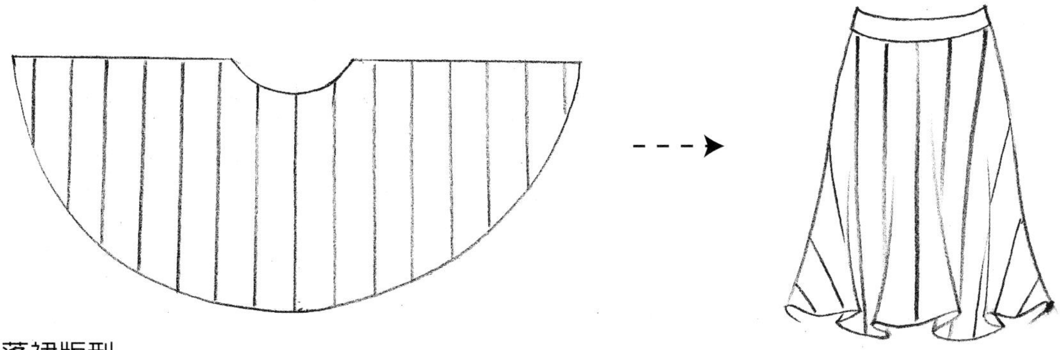

蓬裙版型

腰圍部分抽皺，版型成長方形狀。因此線條會隨著布料的下襬而改變，橫線條與下襬平行，直線條與下襬垂直。（圖右）

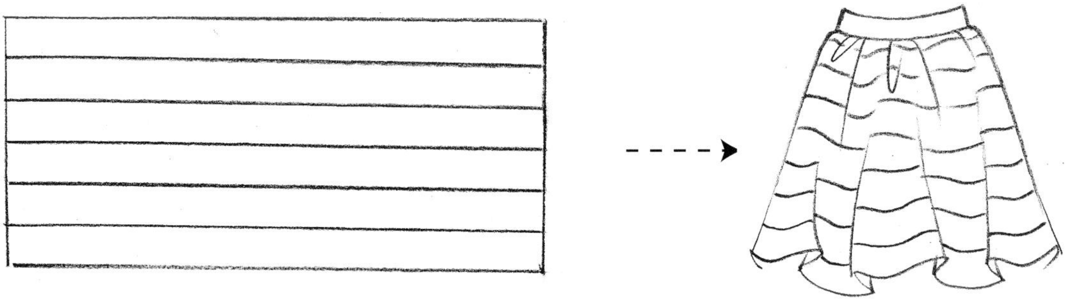

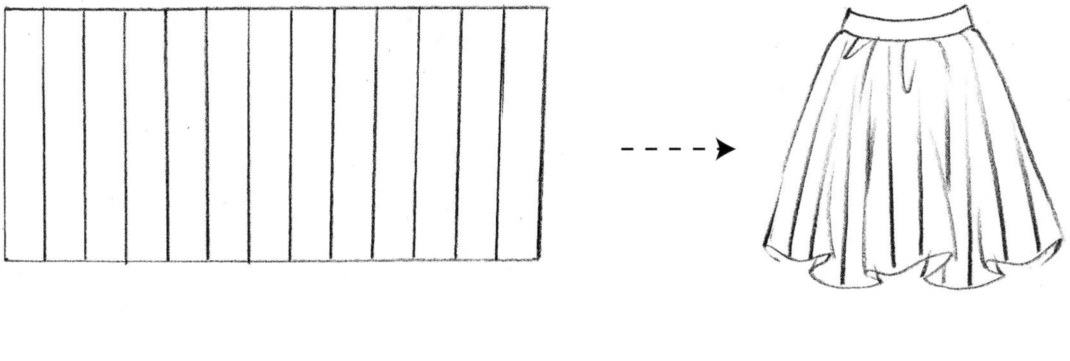

Chapters 5
男裝

第五章　男裝

●男性五官

一般來說，男性的眉宇之間展現一股英氣、鼻樑高聳、嘴型堅毅、臉型較方正。大體說來，男性五官與臉型的比例則與女性類似，只需在線條上做些許調整，即能繪製出具有男性氣質的輪廓。

● 眼睛

● 眼頭與眼尾齊高
眉眼間距拉近

● 眉毛濃密，無捲翹
睫毛

● 鼻子

● 鼻骨高聳，骨頭明顯

● 鼻影較深，感覺鼻樑較高。

● 嘴唇

● 嘴型感覺更有菱有角，
更顯堅毅。

● 顏色輕塗，可畫上一些
線條表現肌里。

● 男性臉型比例

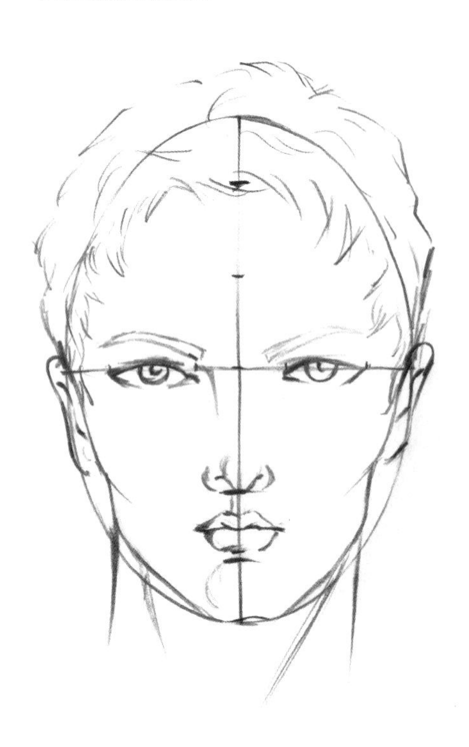

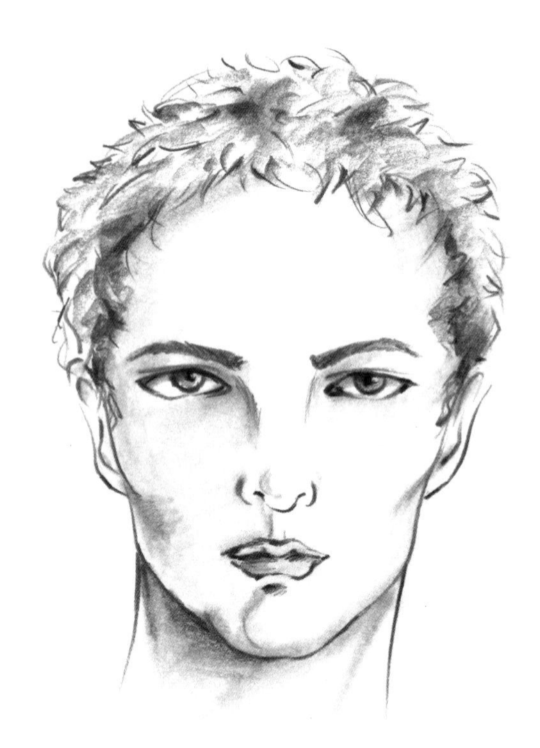

男性臉的比例與女性相同，但是線條則不同，男性骨頭較寬大，臉型有菱角，脖子也略粗。

側面看起來下巴的角度較直，臉也比女性略寬。

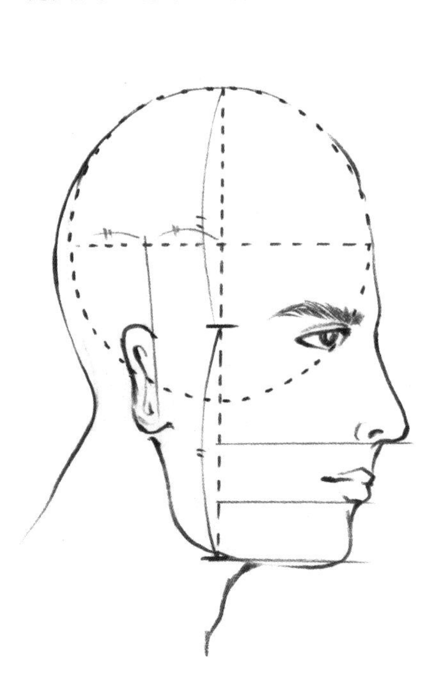

● 男性臉部範例

男性九頭身比例

長度比例與女性九頭身比例相同，寬度及線條則不同。

上半身來看，脖子較粗，緊貼臉邊；肩膀向外畫出肌肉感；腰部比臀部略細即可；畫出腹肌感覺身材更扎實。

下半身來看，股上位置下降一點；腿的寬度比女性略粗；膝骨頭明顯；曲線也比較結實有肌肉。

長度比例

頭=1

下巴→腰=2

腰→ 臀=1

臀→膝蓋=$2\frac{1}{2}$

膝→腳踝=$2\frac{1}{2}$

腳面=1

寬度比例

肩＝2

腰 $< 1\frac{1}{2}$

臀=$1\frac{1}{2}$

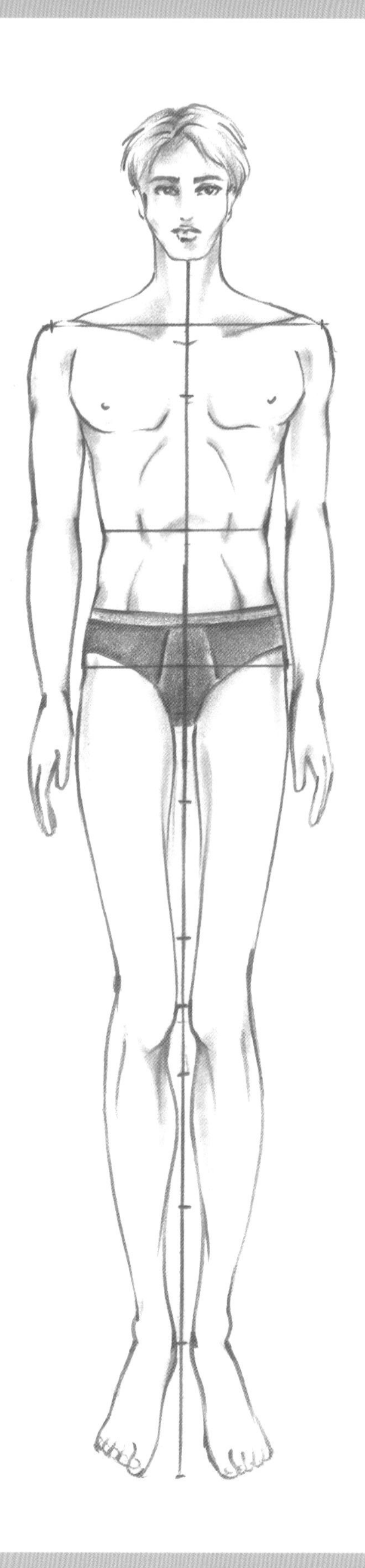

●男性姿態示範

一般來說男性以穿著褲裝為主，不像女性時而需要較為嫵媚的姿態展現服裝，因此體態與動作的表現上，不宜扭動過大。

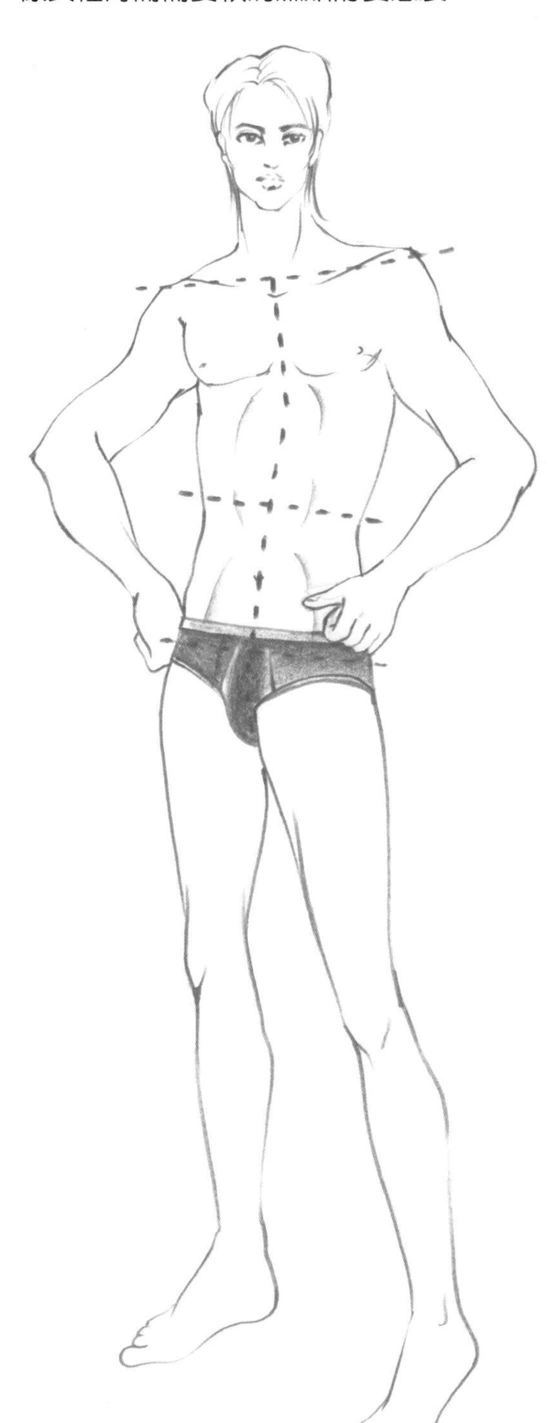

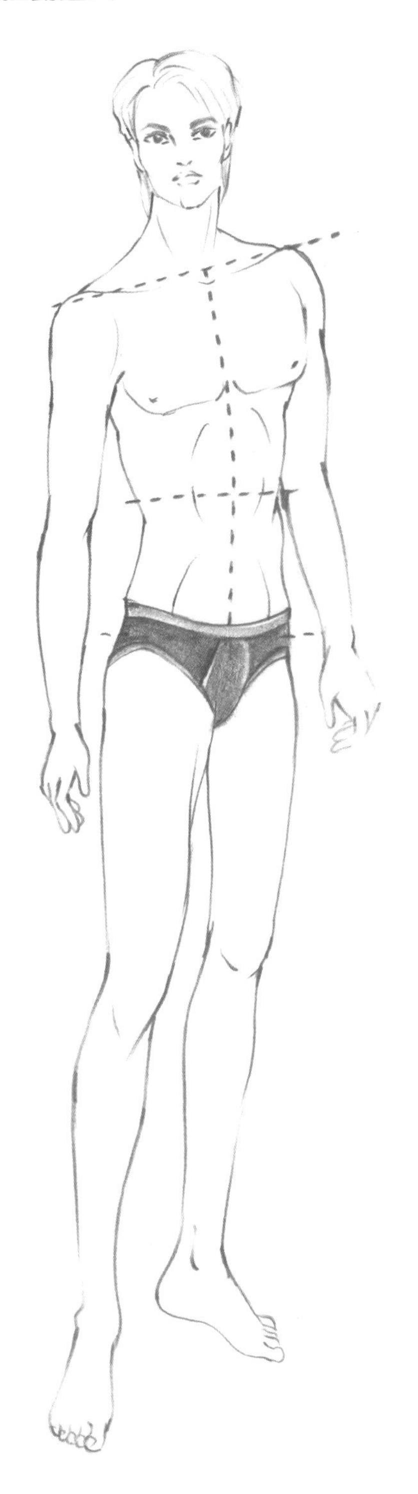

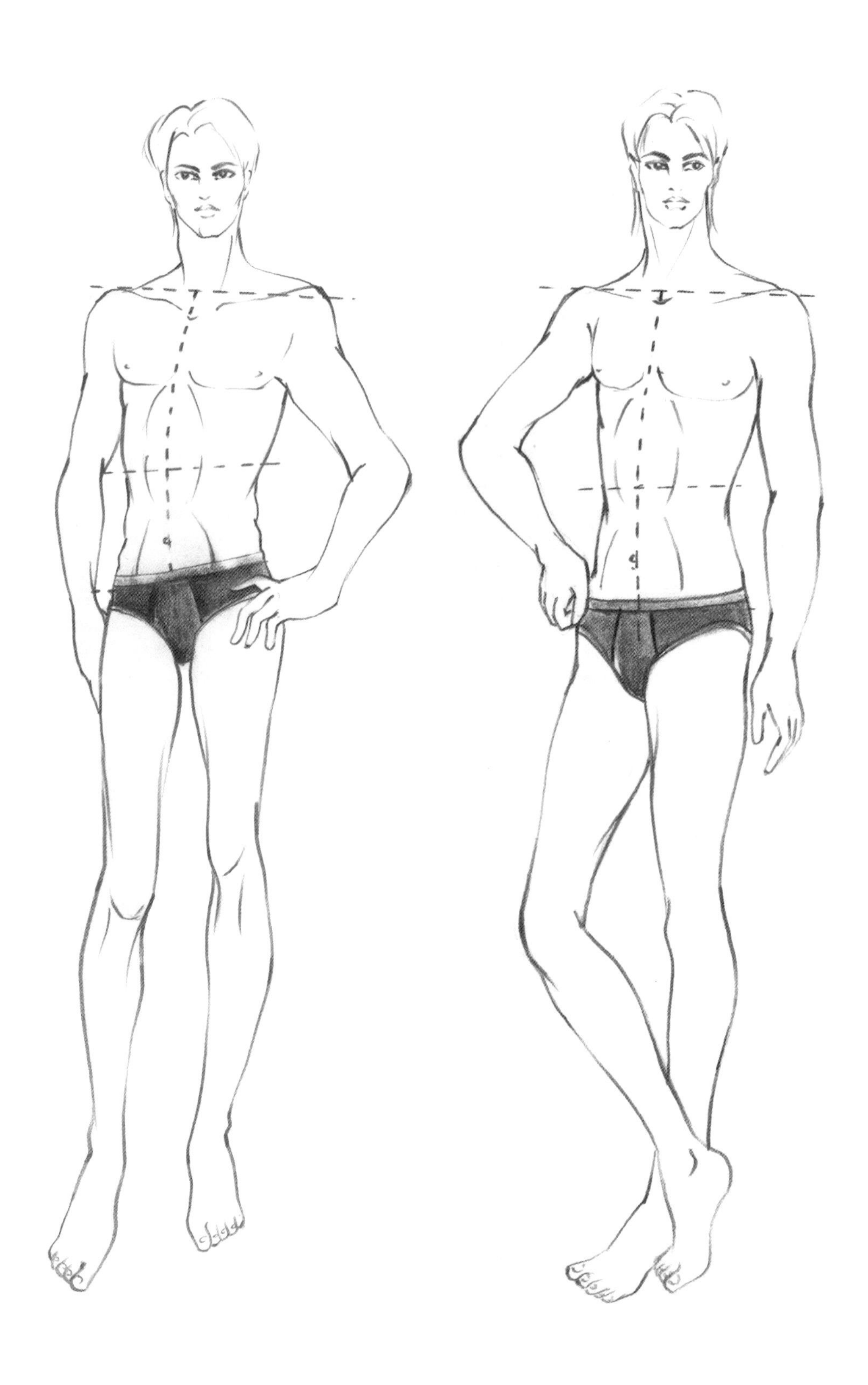

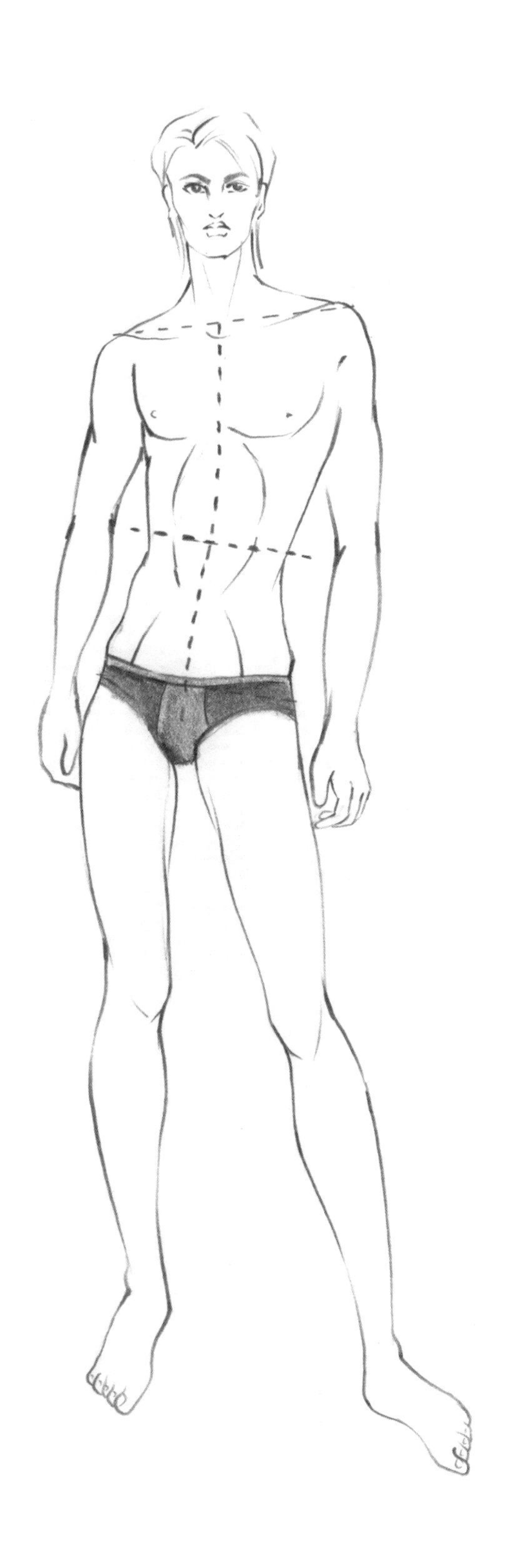

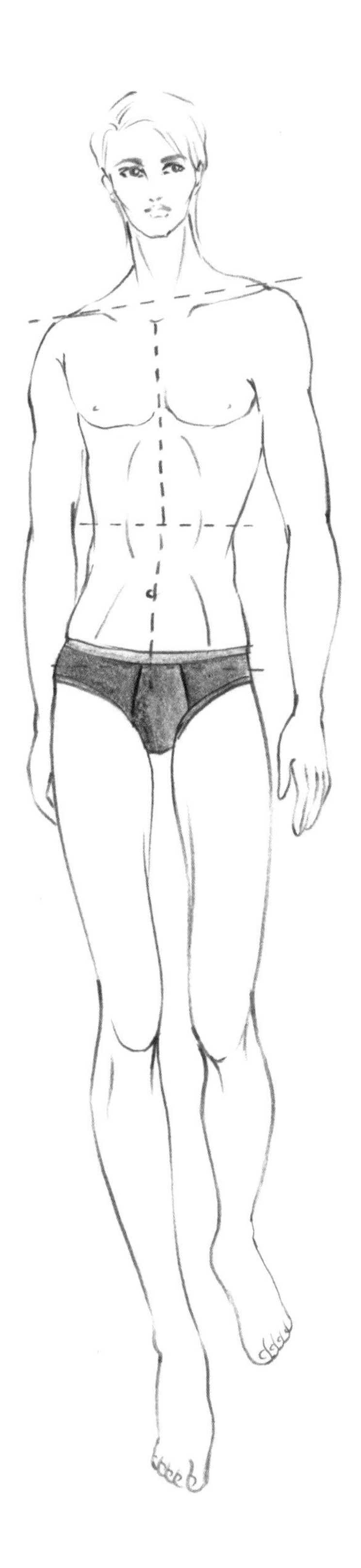

男裝上色示範(一) 皮夾克與牛仔褲

- <使用畫材>油性色鉛筆

<構圖重點>

- 皮料夾克質感較硬皺褶多，布料有厚度，皺褶處呈圓角狀。
- 微側站姿，兩側褲口袋要分大小，兩側口袋斜度與臀圍斜度相同。
- 牛仔布料皺褶較多且較立體，在膝蓋褲腳處畫上褶線，並作為上色參考線。

● 皮夾克上色重點

男性膚色一般會選擇比較深的顏色。
內層白色T恤顏色淺，先上色。
著色時先挑出淺中深三色做漸層。
分區塊上色。
加深皺褶處陰影處的顏色。

牛仔褲上色重點

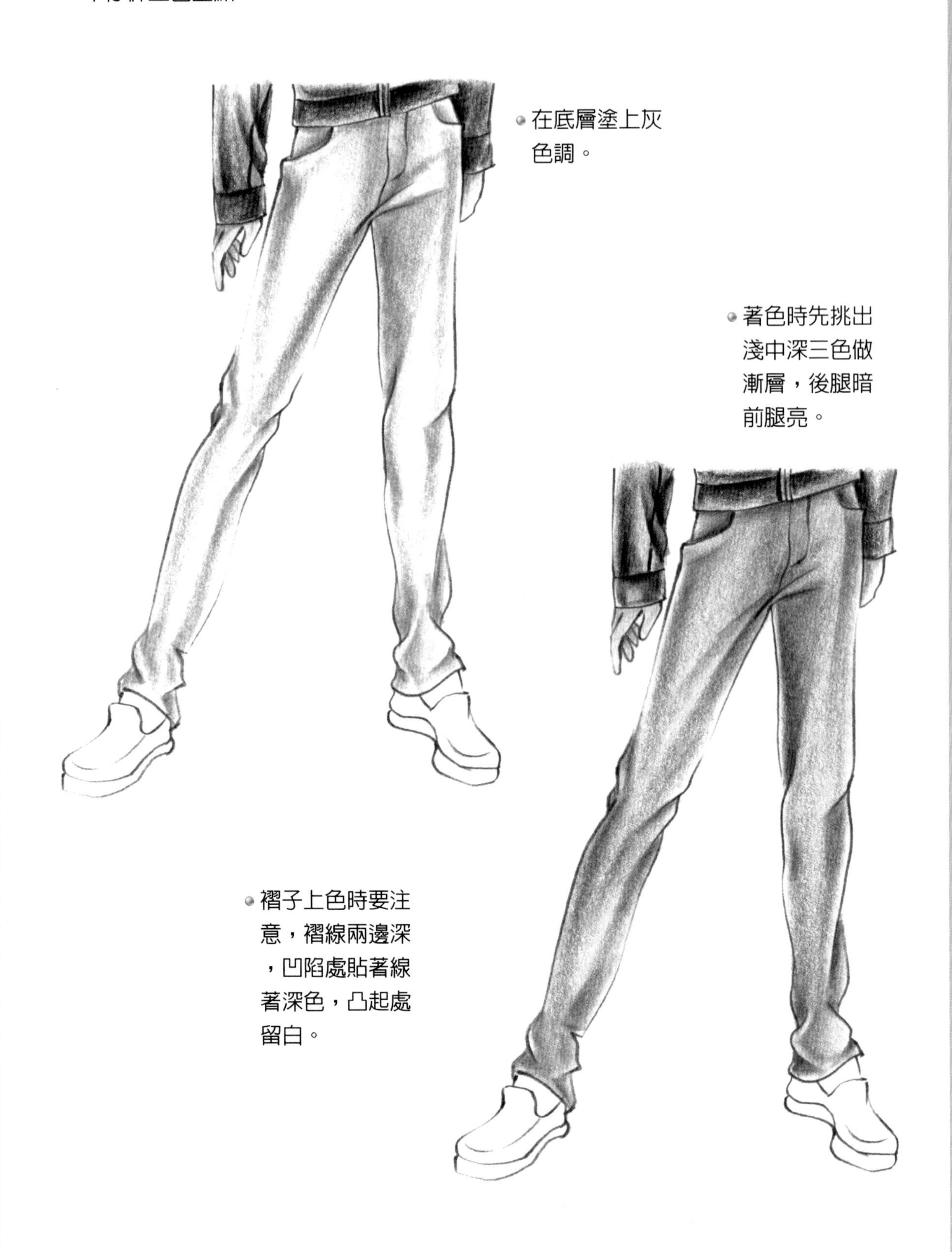
在底層塗上灰
色調。
著色時先挑出
淺中深三色做
漸層，後腿暗
前腿亮。
褶子上色時要注
意，褶線兩邊深
，凹陷處貼著線
著深色，凸起處
留白。

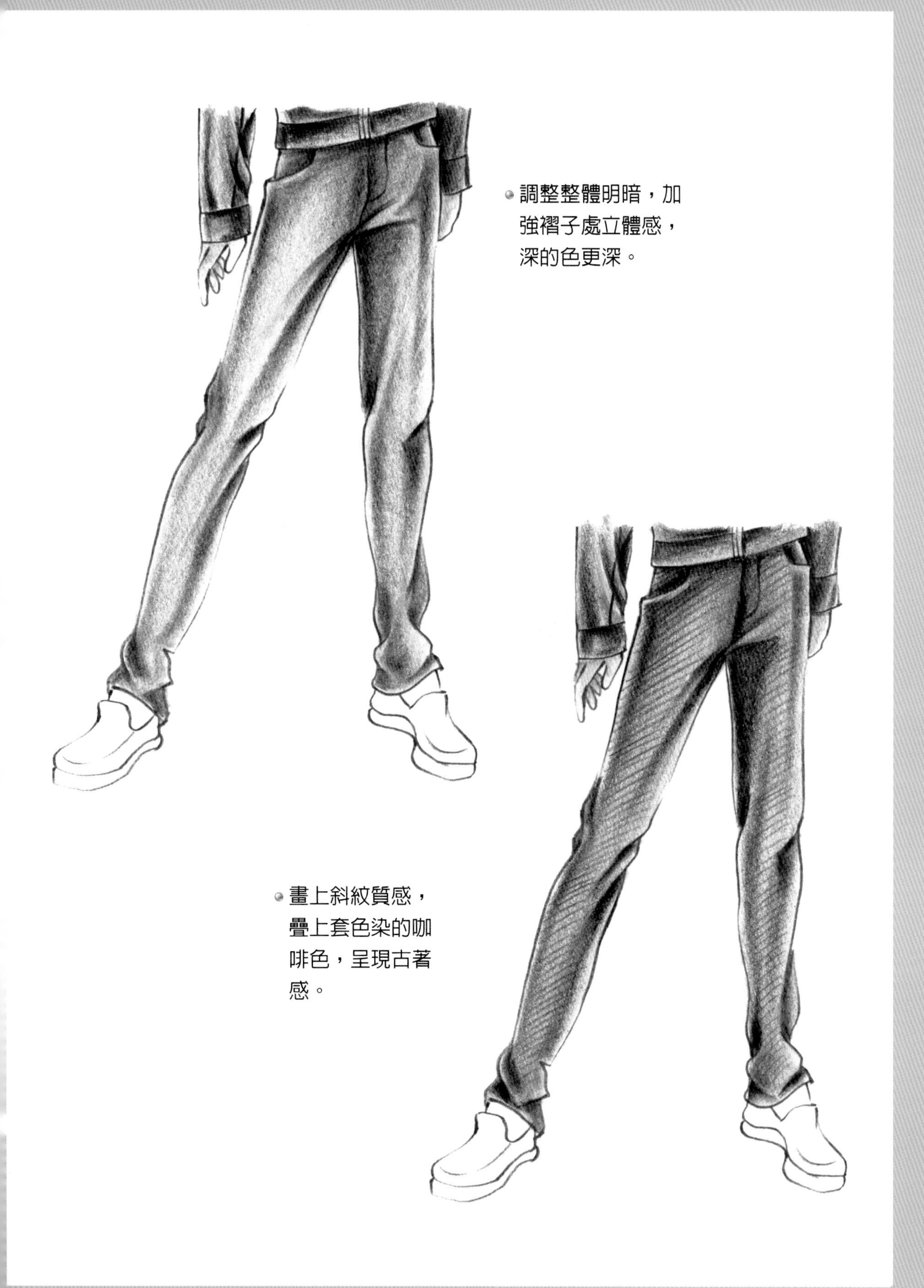
調整整體明暗，加
強褶子處立體感，
深的色更深。
畫上斜紋質感，
疊上套色染的咖
啡色，呈現古著
感。

男裝上色示範(二)西裝

- <使用畫材>麥克筆

<構圖重點>

- 筆挺的西裝款式在姿勢的選擇上也要站的正，不要扭動太大。
- 領型斜度約等同肩膀斜度，微側站姿比例上會有大小差距，側邊略小。
- 有燙褲中心線時，褲口中心會呈現三角形的線條。

上身上色重點

膚色、襯衫、領帶之淺色先上色。

使用顏色

襯衫:C1、C3

領帶:BV00、BV02

分區塊上色，邊線處留白。

使用顏色:100

塗上亮面顏色

使用顏色:C5

褲子上色重點

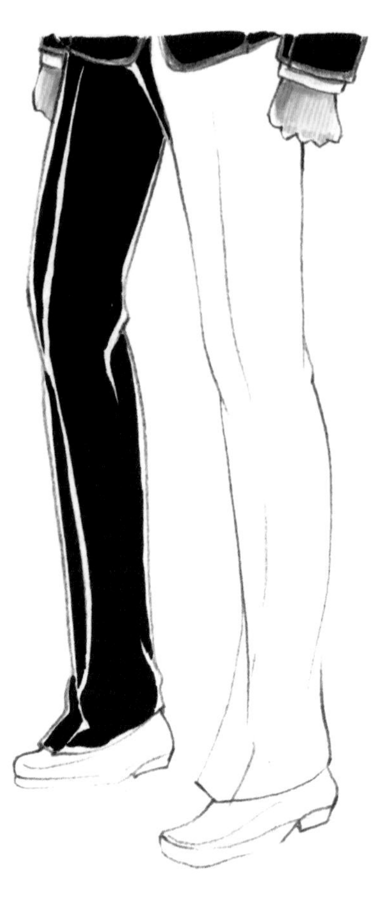

分區塊上色，
邊線處留白。

使用顏色:100

塗色時運筆方向要
與邊線線條平行才
會整齊漂亮。

使用顏色:C5

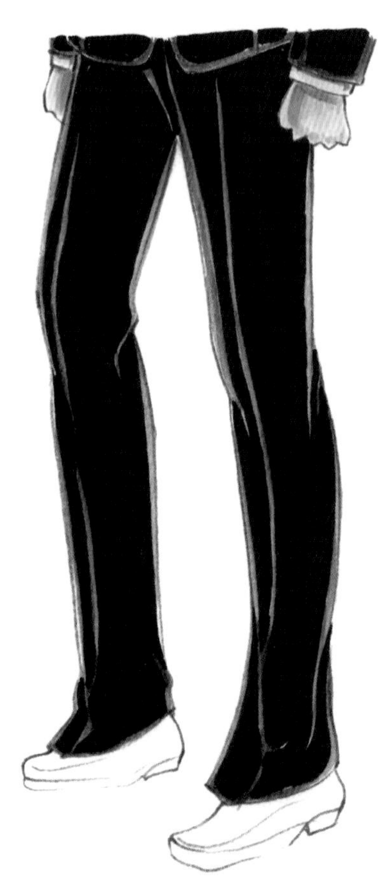

● 男裝上色示範(三)風衣外套

<使用畫材>麥克筆

<構圖重點>

- 風衣外套要與身體保留寬鬆的空間。
- 拉克蘭袖型肩膀的形狀會呈現圓弧狀。
- 衣角線條會隨腿的動作略微往上抬起。

風衣上色重點

分區塊上色，線條邊緣、褶子凸起邊緣，留下亮面。

使用顏色:G85

在留白處塗上亮色。

使用顏色:BG93

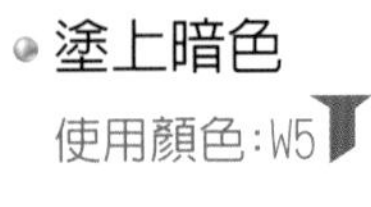

塗上暗色

使用顏色:W5

塗上最暗色

使用顏色:C7

褲子上色重點

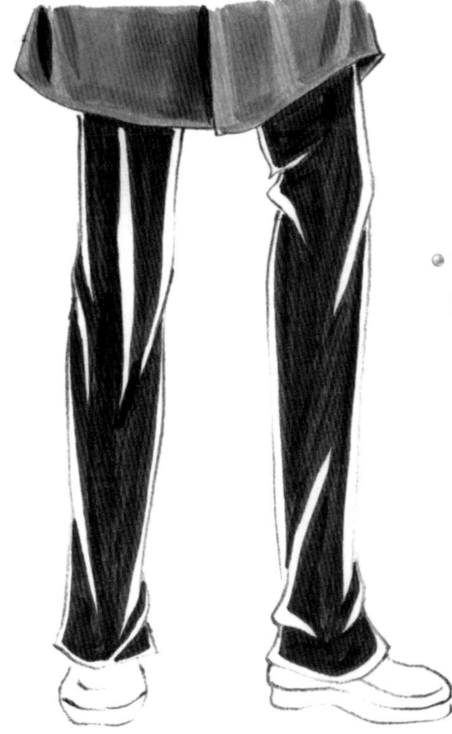

分區塊上色，邊線處留白。

使用顏色:E47

留白處上亮色。

使用顏色:E71

在褶子最深處塗上最深色。

使用顏色:W7

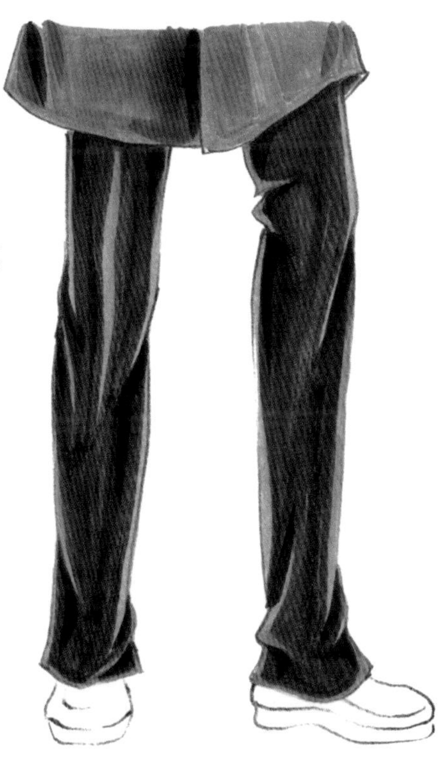

男裝上色示範(四)羽絨衣

<使用畫材>水性色鉛筆

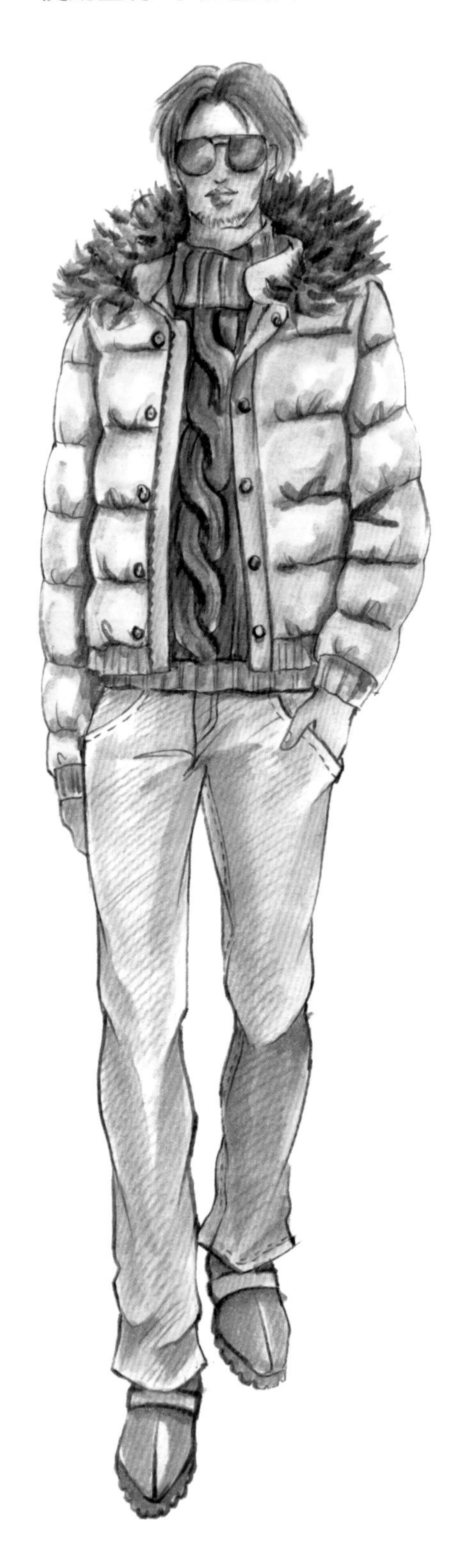

<構圖重點>

- 此款羽絨外套要畫打開狀，才能表現內部拉鍊結構。
- 羽絨一層一層畫，分層處會有蓬起的皺褶。
- 手插褲口袋的姿勢，可以強調褲口袋的設計。

外套 上色重點

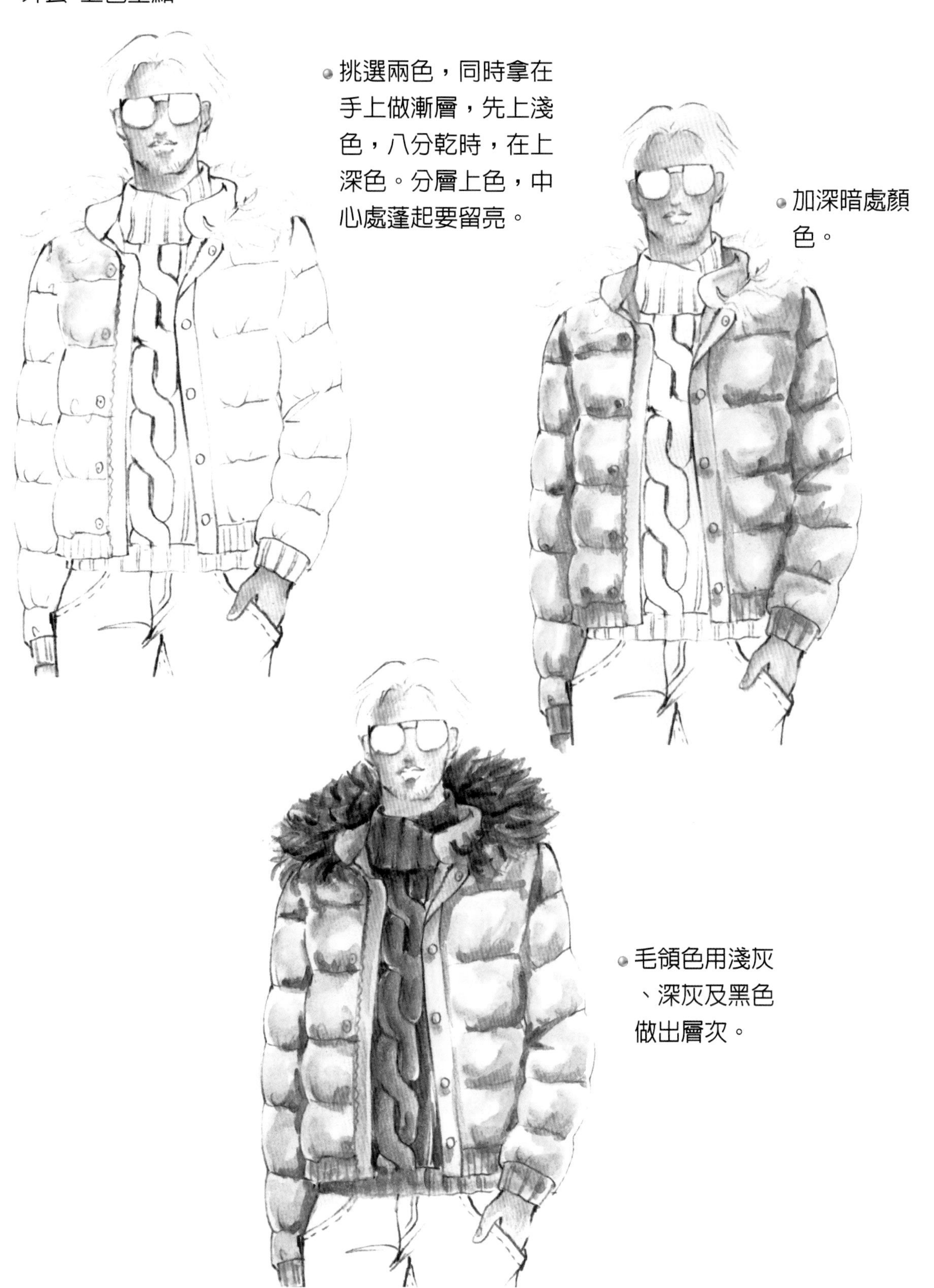
挑選兩色，同時拿在手上做漸層，先上淺色，八分乾時，在上深色。分層上色，中心處蓬起要留亮。
加深暗處顏色。
毛領色用淺灰、深灰及黑色做出層次。

● 褲子上色重點

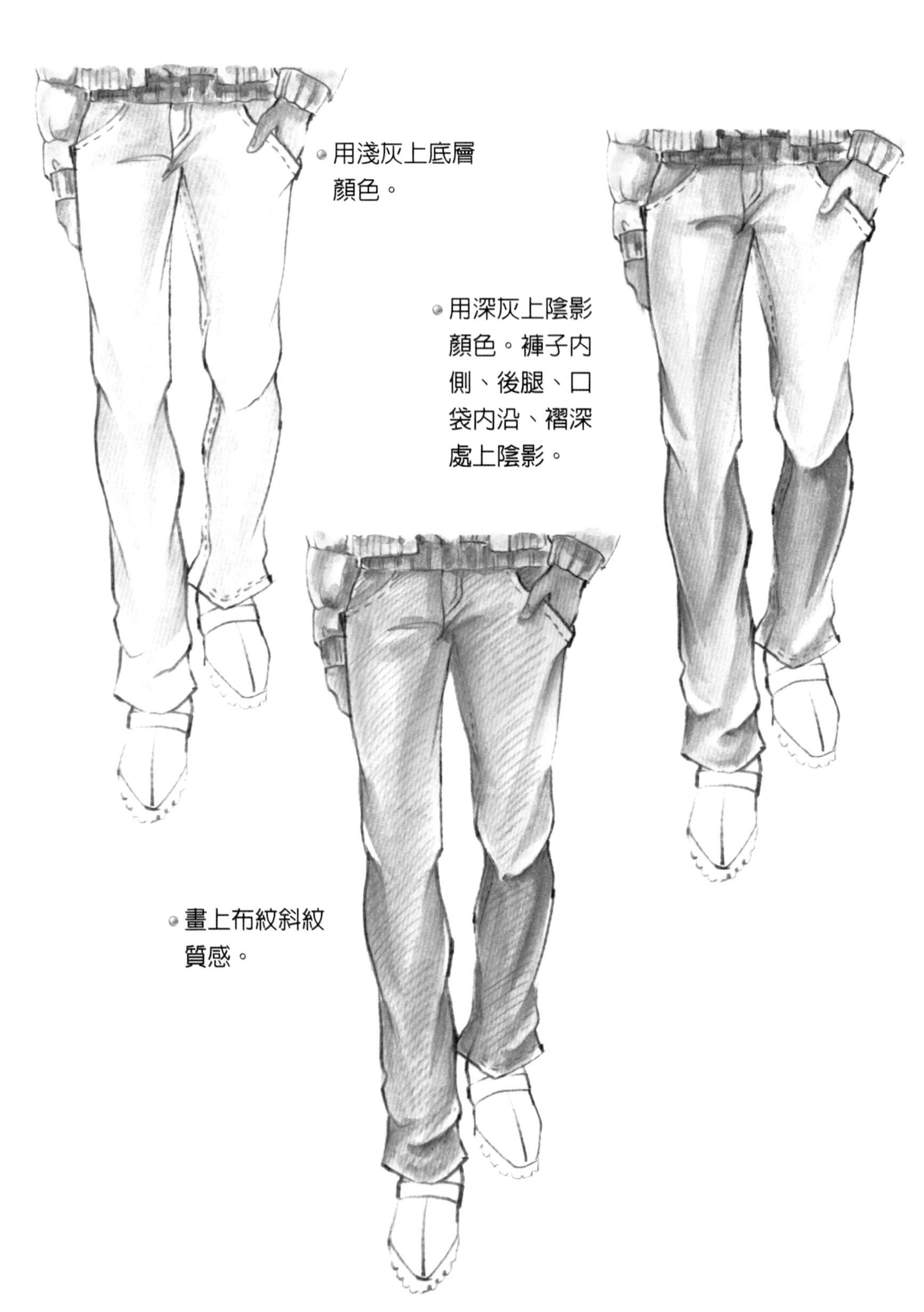

Chapters 6
不同體型比例及服裝畫畫法

第六章　　不同體型比例及畫法

●嬰幼童 幼童

此階段是人生成長最快速的階段，從嬰幼兒的四頭身開始比例逐年抽長，除此之外臉型神韻也有大幅度的變化，以下就各階段的差異分別說明，繪製時所需要考量及注意的地方。

● 幼童年齡與身高比例

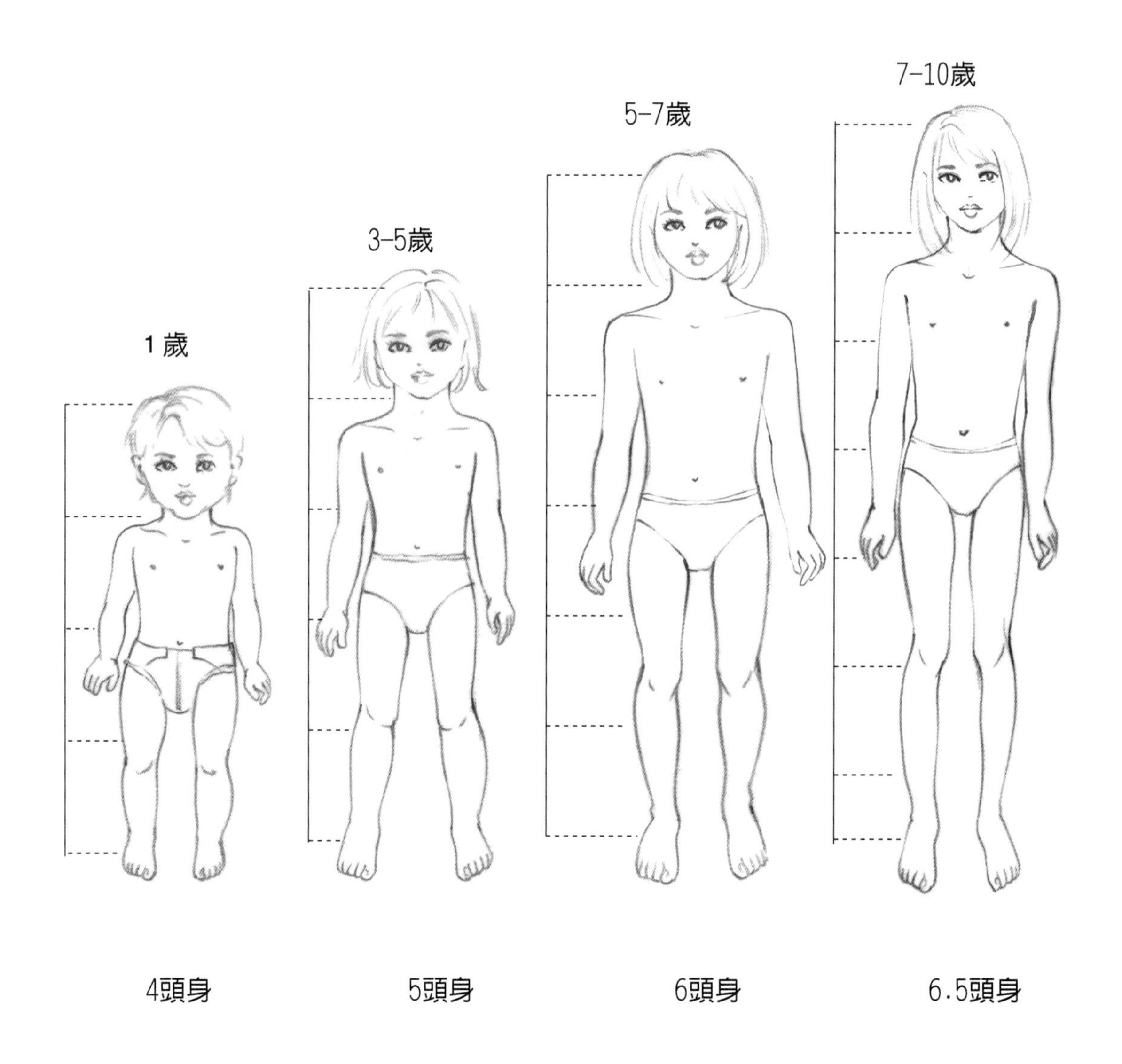

●嬰幼童

一般來說嬰兒大約要到一歲左右才學會走路，因此嬰幼兒大部分的時間不是躺就是爬，畫站立的嬰兒會顯得很突兀，而畫坐姿或躺姿又無法全面展現服裝，因此此時的款式圖多以平面圖表現。

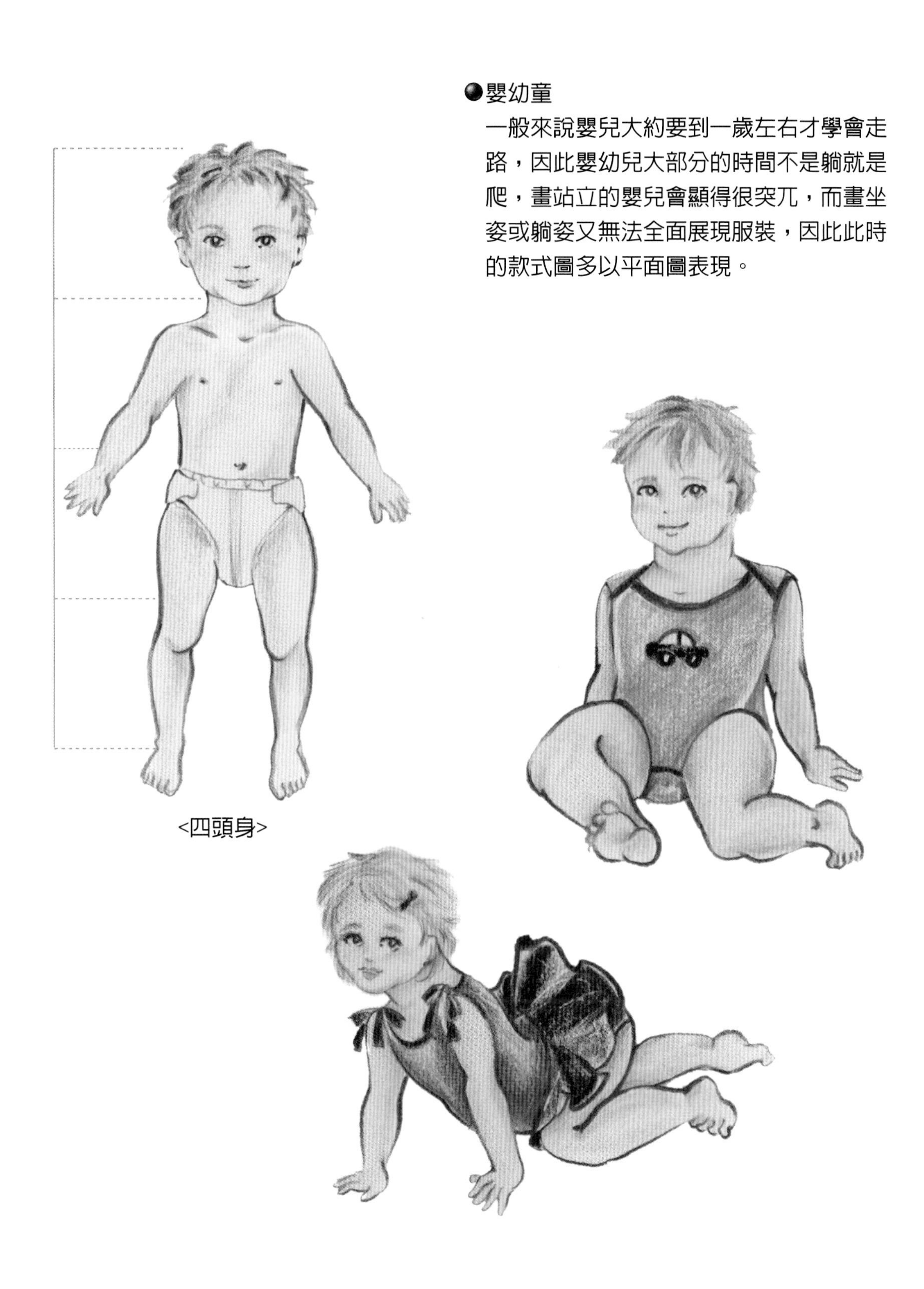

<四頭身>

- 嬰幼兒的服飾在設計上有兩點要考慮到，第一是安全性，譬如：拉鍊邊緣會刺也有可能夾到肉、小鈕釦可能會被誤食、深色布染料太重...第二是穿著方式，嬰幼兒必須由他人輔助穿著，因此在設計上必須能夠方便被穿脫。

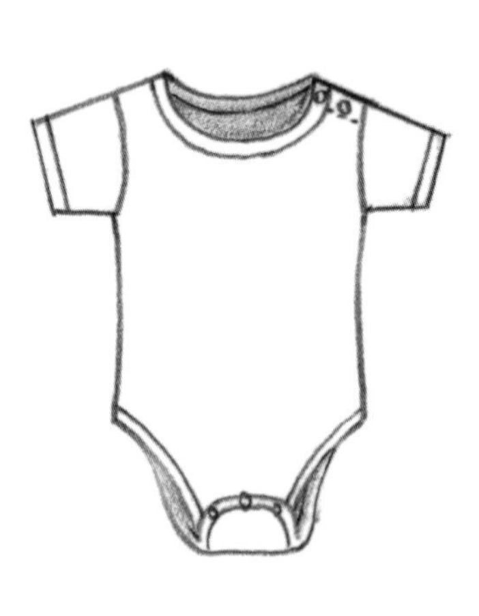

● 幼童

- 一～三歲左右幼兒，剛學會行走時腿型會有微微內八字，走時會有些許搖晃；臉型比較圓潤沒有陵角，稚氣天真的模樣渾然天成，因此設計上多以可愛為目標。

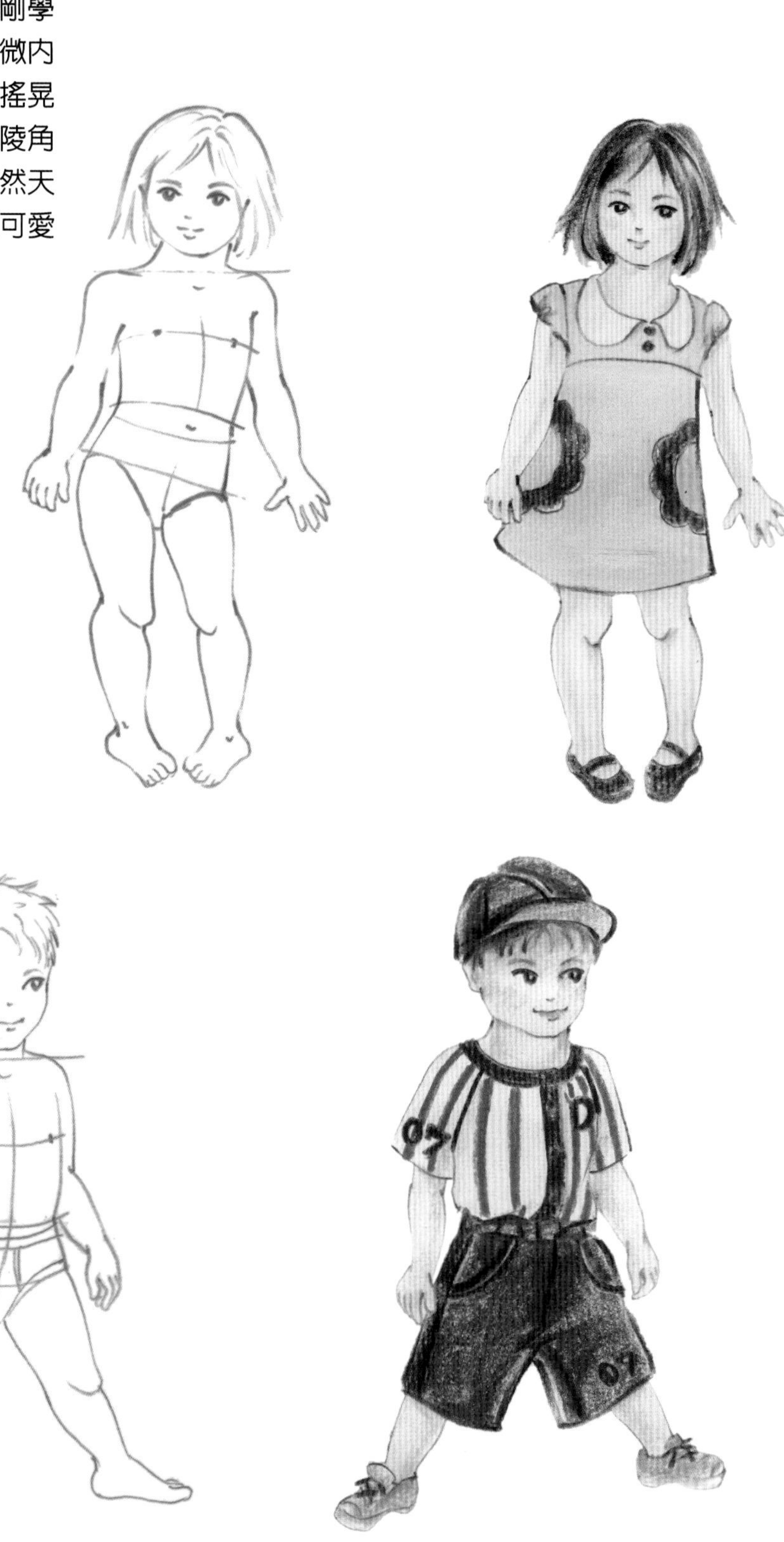

- 五歲左右的小孩，大多俏皮活潑、活動力十足，臉型漸漸變尖，但是依舊沒有陵角，畢竟瘦巴巴的小孩，實在就少了一點可愛的感覺。

- 七歲左右的小孩，思想上漸漸成熟，常常給人一種小大人的感覺，再加上開始上學了，社交活動變得活絡，因此在服裝款式上面也呈現更多樣化的設計趨向。

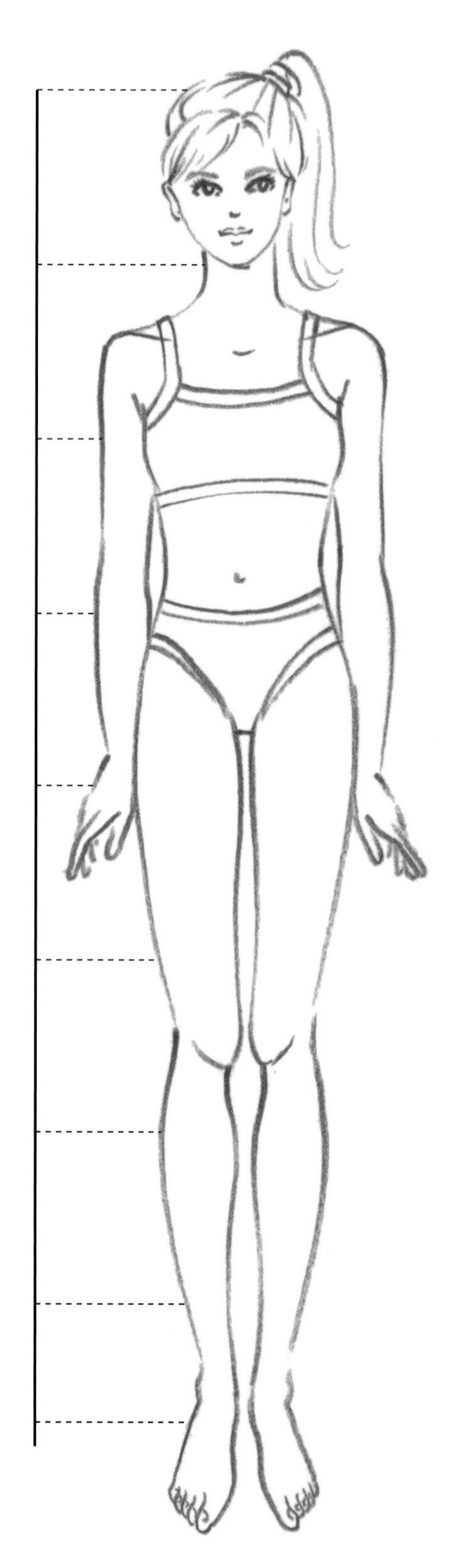

<7.5頭身>

●青少年(12歲-14歲)

青少年的比例已經接近成年人，但是為了要區分出青少年與成年人的差別，此時還是不宜畫到九頭身這麼長。女生臉上無妝感、男生不留鬍，站姿略顯青澀。

- 此階段的青少女大多有著清純俏麗的感覺，姿勢不宜過分誇張，避免過於矯揉做作。

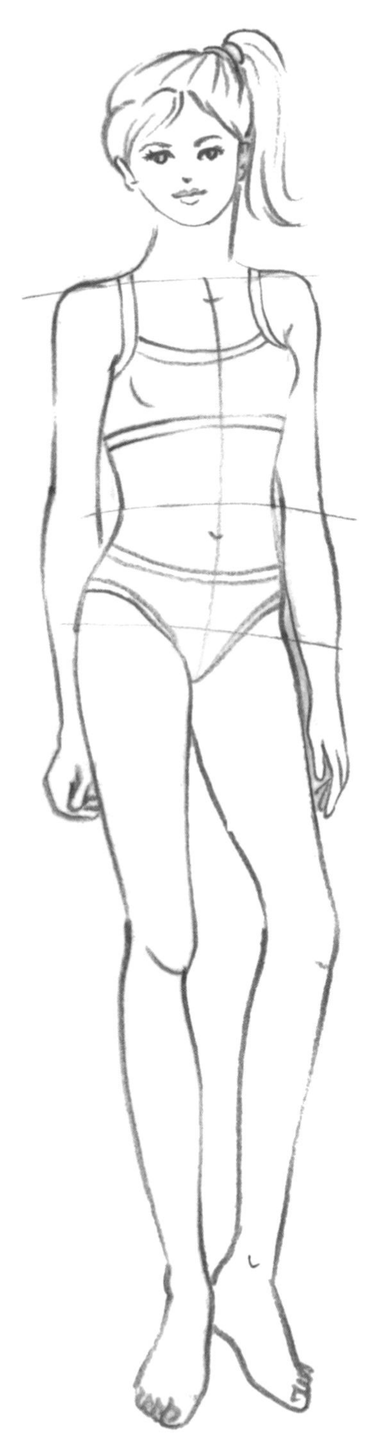

- 此階段的青少年外表雖然依舊稚氣未脫，但是整體感覺較幼童時穩重許多，同時身高也在快速的成長中。

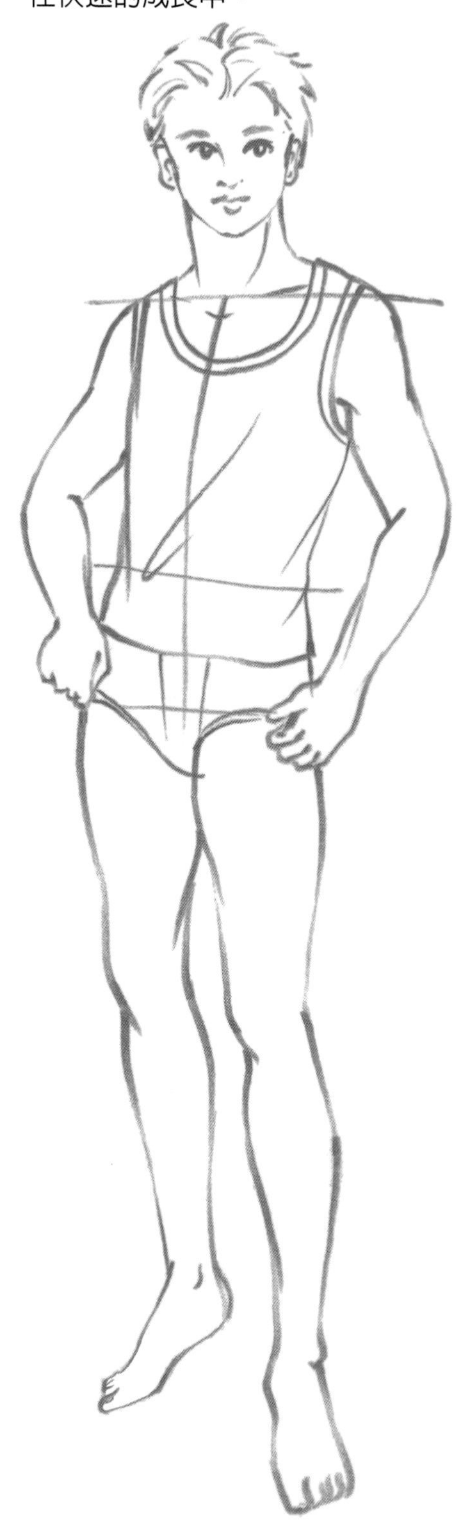

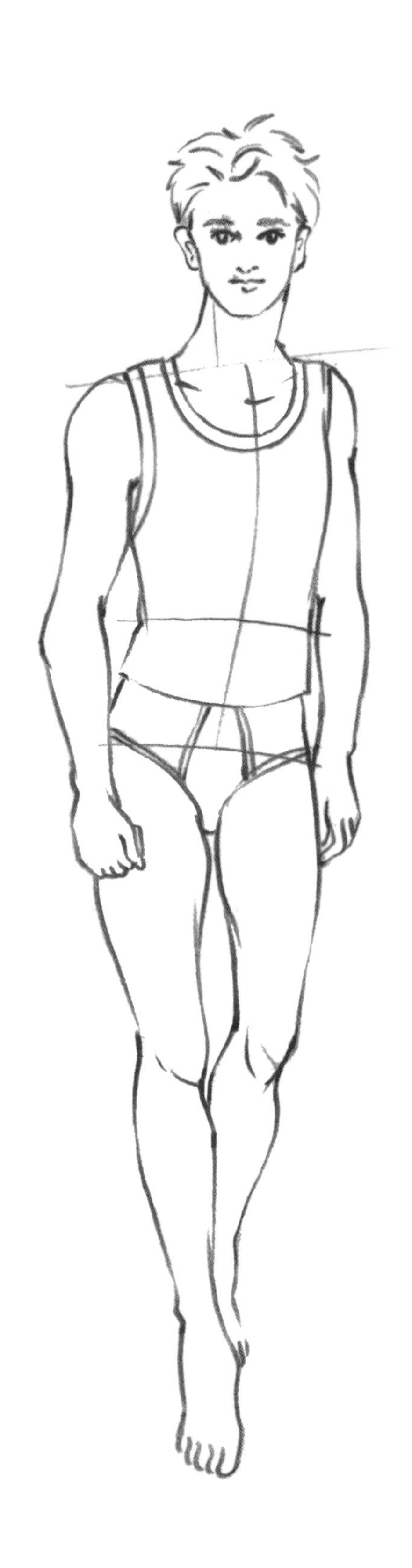

●少女少年(15歲-20歲)

少女的身形比例已成熟，臉型略為圓潤，在姿態上可以加點動感，展現青春洋溢的感覺。

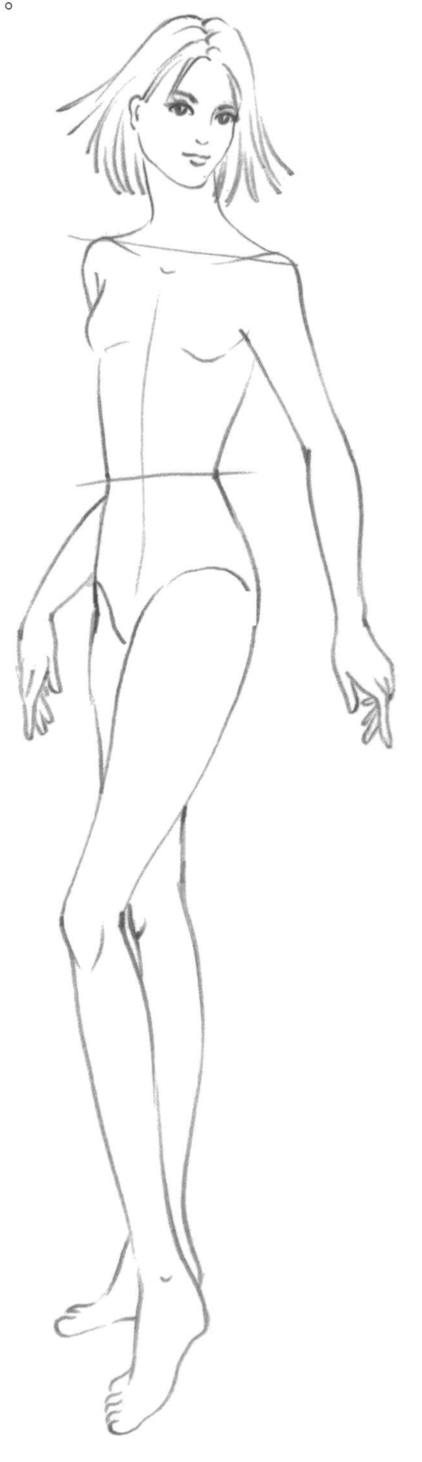

- 少年階段有著多面的性格，有的陽光、有的叛逆，身形比例同成年人一般，肌肉較以往結實。

08
08

●豐腴體型

專門為大女孩設計的服飾日漸增多，“瘦” 不再是唯一的美感標準。試著表現出豐腴的美感，你會發現大女孩除了寬鬆 T 恤之外還有還有很多選擇的！

●孕婦

孕婦的姿態不宜動作過大，肚子由胸部下緣至恥骨上方呈現圓球狀。

Chapters 7
服裝質感的展現

為了完美展現服裝質感，在上色時就必須選擇合適的著色工具，不同的著色材質可以表現不同的質感。製作服裝的材質有千百種，我們該如何選擇畫材呢？繪製時的順序又是如何呢？在熟練各式畫材的特性之後，你會發現其實並沒有絕對必須遵循的技法程序，試著混搭畫材，不僅可以讓服裝畫呈現更多層次的質感效果，也可以讓你呈現出屬於自己的著色風格。因此本章節的目的即是帶領讀著以實驗的精神來繪製不同質感的服裝，讓讀著在使用畫材表現技法上都能夠觸類旁通，得心應手。

- 構圖重點提示：
  此圖構圖的重點在於衣褶的連續關係必須要仔細構想，格子的繪製必須符合布紋方向，譬如此格子是直布紋，位置會平行於布邊方向。

- 上色重點步驟：
  - 先以廣告顏料分區繪製洋裝及披肩之紅色底色。
  - 用麥克筆畫深黑色，色鉛筆輕畫淺黑色漸層（切勿大力塗抹會刮花底色）
  - 以極細的水彩筆沾上濃稠的白色廣告顏料畫格子白線處。
  - 黑色粉彩以手暈染出整件陰影。

● 構圖重點提示：
背面站姿並不常使用，所以也是此構圖的困難點。偶而會有重背面表現的設計，平常看到不錯的站姿圖可以先收藏起備用。

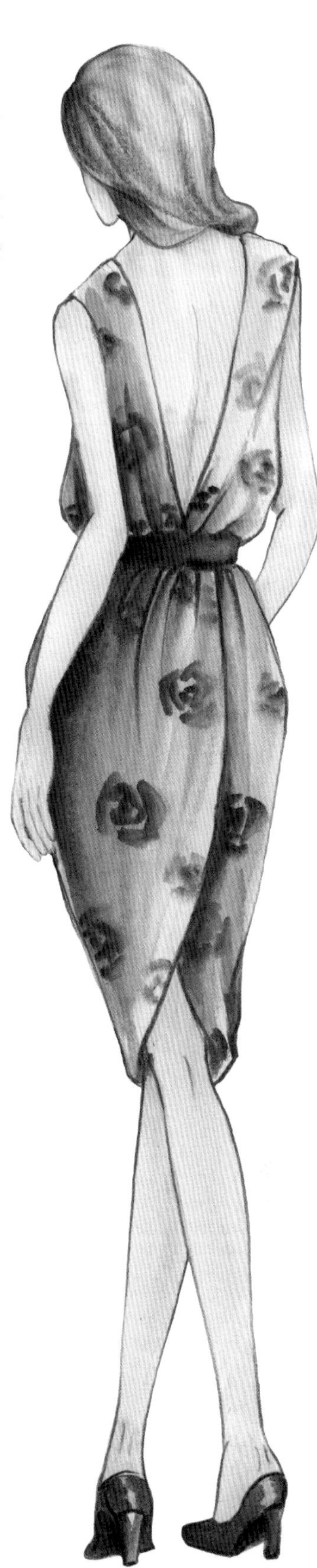

● 上色重點步驟：

- 以水性色鉛筆塗上藍色底色（水性色鉛的表現效果比較柔美）。
- 畫上整件陰影，以較大的明暗落差呈現俐落的立體感，同時加強輪廓線條。
- 畫上花紋，為求符合光影變化，亮面的花紋色加水調淡。
- 再上一層最深色的陰影，讓花紋沉入陰影內。

● 構圖重點提示：
此圖的切線較多，除了細心繪製複雜的輪廓之外，還必須衡量左右比例的變化，因為是右側，因此右邊的比例不論是切線或口袋都會略小，形狀的斜度也會符合身體的斜度。

● 上色重點步驟：

● 此材質為帶有紋路的漆皮質感。先以廣告顏料分區塊塗上深藍色底色（此圖上兩層廣告顏料，可使顏色更扎實平整）。

● 以黑色混合深藍色的粉彩塗抹於暗面陰影處，以白色塗抹於亮面處。

● 以色鉛勾勒出花紋。

● 以金屬效果的麥克筆點出釦子位置，並用簽字筆於邊緣畫上3/4圈的陰影。

● 構圖重點提示：
帽子一定要包覆住全頭輪廓並高於頭頂。上衣垂墜的重量，會加大下方的份量。合身的褲子會於關節處表現出皺褶的感覺。

● 上色重點步驟：

- 深金色的上衣以金色廣告顏料加上咖啡色來調和。
- 褲子以廣告顏料畫上深藍色底色，以白色色鉛側筆輕畫出亮面刷白以及布紋斜線。
- 以白色漆筆畫出車縫線。

● 構圖重點提示：
寬鬆的衣服繪製時要注意保持衣服與身體的空間。紋路位置用鉛筆輕輕畫出形狀。

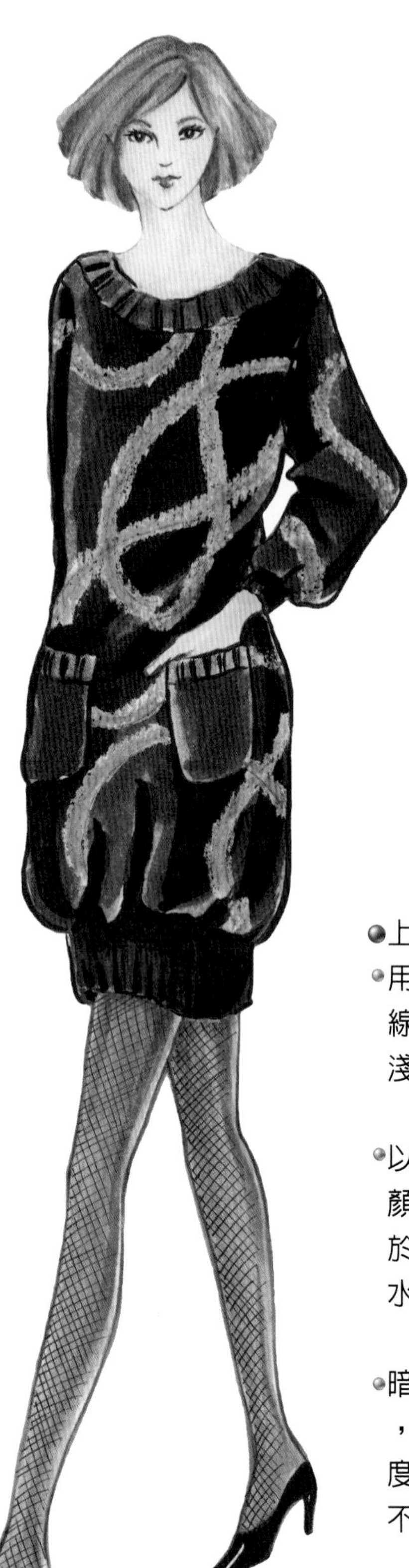

● 上色重點步驟：

- 用油性的蠟筆扎實的畫上線色，此技法適合簡單且淺於底色之紋路。

- 以黑色廣告顏料畫上整件顏色，如果黑色顏料淤積於蠟筆上的之上，請先用水彩筆吸取。

- 暗面使用黑色麥克筆加深，麥克筆與廣告顏料的彩度相近，一起使用的效果不錯。

構圖重點提示：

上衣與褲子皆為雙層的設計，因此要注意內外透視與厚度的表現。

上色重點步驟：

- 上衣內外層皆以水性色鉛畫上底色，待全乾。
- 外層平塗上金色帶亮蔥的指甲油（可多塗幾層）
- 下層牛仔褲以水性色鉛塗上明暗層次後，在畫上斜向布紋組織。
- 以黑色麥克筆繪製上下身的斑馬紋。

● 構圖重點提示：
落肩的款式會伴隨較寬鬆的衣身。格線會隨著波浪及身體斜度起伏。

● 上色重點步驟：

- 用廣告顏料平塗上衣及褲子的底色（此圖上了兩次底色）
- 將上下身底色分別加深，畫上陰影處。（此圖的陰影有使用麥克筆輔助）
- 上衣的白色格線，待底色全乾後，使用白色廣告顏料，輔以細水彩筆描繪，由中間隔線開始往左右描繪，比較能做好對稱效果。

構圖重點提示：
款式衣褶的設計方式必須清楚標示，直紋線的方向也會隨著衣褶變化與布紋方向，而有不同方向表示。

上色重點步驟：

- 用廣告顏料平塗底色。
- 待乾後，以麥克筆畫上陰影。
- 使用油性色鉛筆畫上白色條紋線以及衣服亮處。

構圖重點提示：

此圖的構圖算是簡單，其柔美的服裝感覺需要姿勢的配合才能夠完美呈現。

上色重點步驟：

- 全圖使用水性色鉛著色，因為水性色鉛具有透明度能將色彩漸層的狀態加以溶合。

- 下裙漸層效果，在繪製時可以拿2~3隻相近色筆在手上，在濕度夠時同時暈染，等到約八分乾時，再以較深色做出線條的層次。

- 構圖重點提示：
項鍊及上衣在鉛筆構圖時只需描繪出範圍即可，待上色時再勾勒出組織。

- 上色重點步驟：
  - 上衣使用廣告顏料調出淺、中、深三個層次的綠色，再使用細的水彩筆慢慢勾勒出組織，並加入深淺的變化。
  - 下裙的咖啡金色是在咖啡色中調和金色廣告顏料。
  - 項鍊的珍珠白是以白色調和銀色的廣告顏料

●構圖重點提示：
拉鍊位於中心線上，
左右的剪接線要符合
身體的斜度。

●上色重點步驟：

- 閃亮的金色效果，底色是在咖啡色中調和金色廣告顏料，全乾之後，再在表面薄塗一層金色廣告顏料。
- 項鍊的珍珠白是以白色調和銀色的廣告顏料。
- 銀色裝飾釘是用銀色金屬麥克筆點畫上，並在底部畫上3/4圈的黑色簽字筆。
- 因為下層多次疊色的關係，陰影以棉花棒沾粉彩塗抹，避免刮除下層的金色塗色。

● 構圖重點提示：

此款旗袍的切線位於單側，側面的站姿可以清楚表現位置關係。適合的姿勢可以加深旗袍溫柔婉約的感覺。

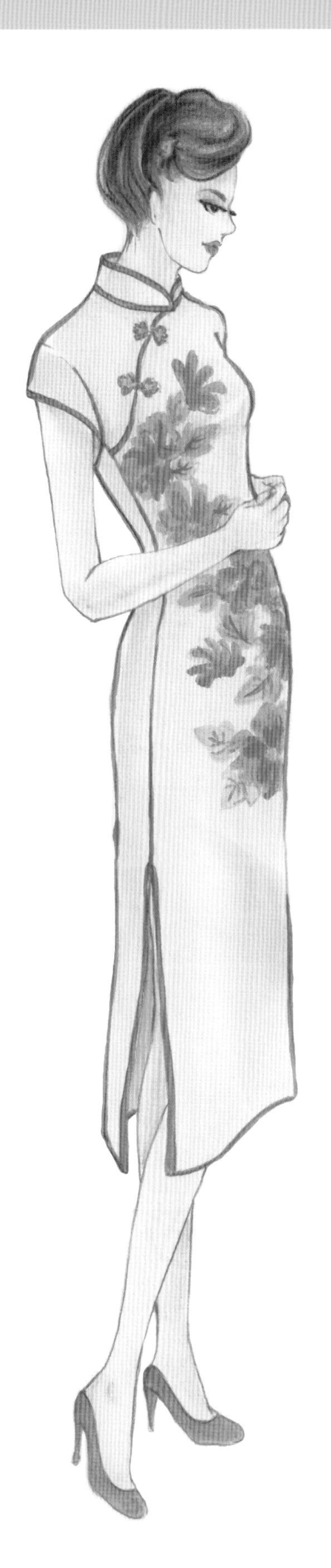

● 上色重點步驟：

- 以水性色鉛畫上旗袍的底色明暗。
- 畫上花紋，花卉以 2 色紅色在濕潤時繪製出漸層感；葉子在八分乾時以深綠色畫出葉脈。

● 構圖重點提示：
身體側向右邊，衣服則會往左邊垂墜，因此下襬波浪的份量左邊會多於右邊。

● 上色重點步驟：

- 以廣告顏料畫上禮服的底色。
- 將膠水塗在金蔥處，再灑上金蔥，並將多餘的金蔥倒除，銀蔥也是如此繪製。
- 禮服的陰影以粉彩塗抹，可以呈現緞面般柔和的質感。

- 構圖重點提示：
裙子上層紗的部分要一圈一圈畫，上色時明暗才會有依據。

- 上色重點步驟：
  - 白色的裙子以白色廣告顏料平塗後，暗面以灰色塗之。
  - 裙紗的部分，使用粉彩塗抹，陰影處及細微處可使用棉花棒代替手指塗抹，整體明暗完成後，以色鉛畫上網紗格紋。

構圖重點提示：

胸前蕾絲的紋路要在畫底稿時就以鉛筆畫上去，以免上色後紙張潮濕不易畫上，待上衣顏色全乾後再以代針筆描繪一次。

上色重點步驟：

- 以水性色鉛塗蕾絲上衣底色，以廣告顏料塗抽皺處的裙身。
- 下方的薄紗是以廣告顏料調和南寶樹酯繪之，用以保留材質的透明感並呈現自然不刻意的留白。
- 刻畫上衣蕾絲的花紋並打上網格。

Chapters 8
電腦繪圖輔助技法

第八章　繪圖軟體輔助技法

用途

在服裝設計的領域中，繪圖軟體主要是用來輔助設計圖達到擬真效果，也可以用來節省設計圖繪製上重複繪製的步驟，譬如換色、置入印花圖、款式局部變換、款式搭配變換…等，也可以將細節表現得更工整、更清楚，譬如車縫線、釦洞…等。越來越多的公司將電腦繪圖技法視為必備的工作技能之一，此章節將分別運用Photoshop及Illustrator兩種軟體來示範說明幾種主要的用途。

示範軟體運用說明

Photoshop

• 點陣構圖，適合繪製照片式色彩漸層豐富的圖案。

• "像素"是最小的構圖單位，像素越多檔案越大。"解析度"決定清晰度，解析度越高圖案越細緻。

強大的修圖功能可以幫助你做到快速換色、隨心所欲的修整手繪稿，同時可運用圖層彼此獨立的特性來展現不同服裝搭配的效果。

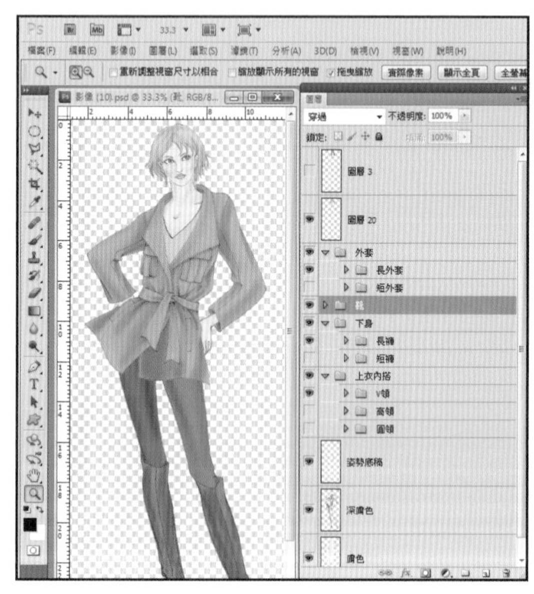

頁圖範例說明

• 運用圖層之間的相疊的關係，繪製不同單品的搭配效果。

• 將不同單品分別至於不同圖層位置，便於分層獨立換色。

Illustrator

- 向量構圖，運用點位關係來計算形狀，因此不論是放大或縮小皆不會影響到圖案的清晰度

- 適合繪製工整的圖形，經常運用於款式平面圖。（圖右）

平時可以將常用的物件譬如：領型、鈕釦、拉鍊製成元件，方便重複使用。

右圖範例說明

- 繪製工整對稱的平面圖
- 置入圖案
- 描繪車縫線

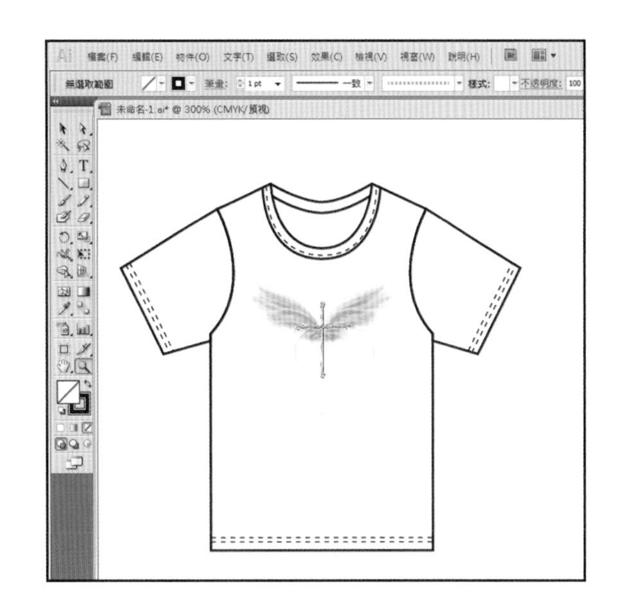

下圖範例說明

- 繪製類似的款式時，可省略重複的位置，提高工作效率。

如圖：領型與袖型皆為再繪製

Photoshop的運用範例（一）妝髮

以臉部的彩妝與髮型的變化來解說，運用圖層的關係製作不同變化的髮型與彩妝，並於範例中示範色彩變換、明暗製作...等技巧，由草稿至完稿，分步驟說明如下所示。

草稿製作步驟:

• 畫臉型五官，在中心設立準星→墊著臉型五官畫髮型，複製準心至髮型上→使用代針筆0.1&0.05在紙上描邊線→掃描（灰階/300dpi）（圖上）

• 去除雜色、確認邊線無漏洞→影像＞調整＞色階，使線條更清晰→影像＞模式＞ＲＧＢ色彩，轉為彩色檔（圖下）

（圖上）

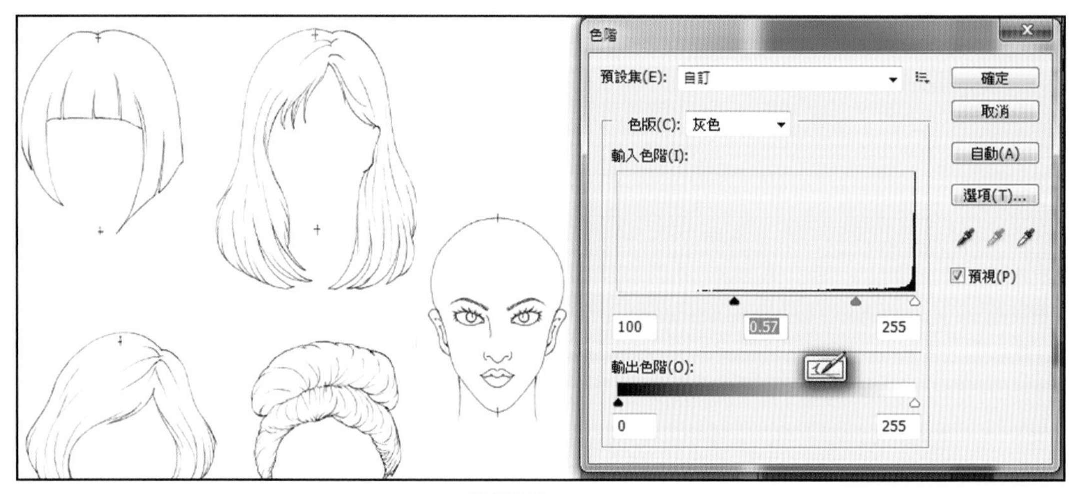

（圖下）

• 去背處理

選取>顏色範圍(以滴管選取圖中黑色邊線)→(使用任一選取工具)/滑鼠右鍵/拷貝的圖層

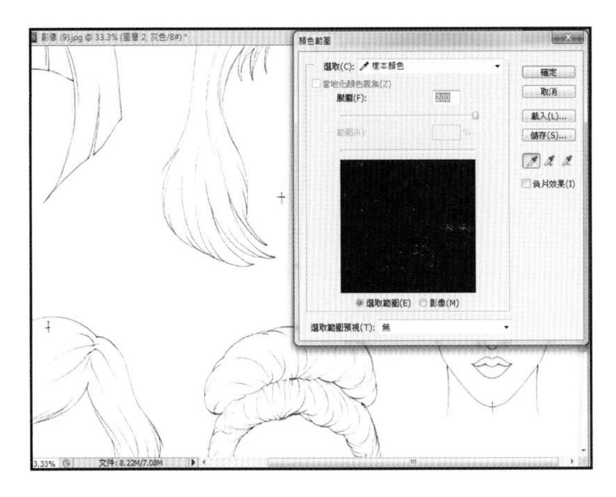

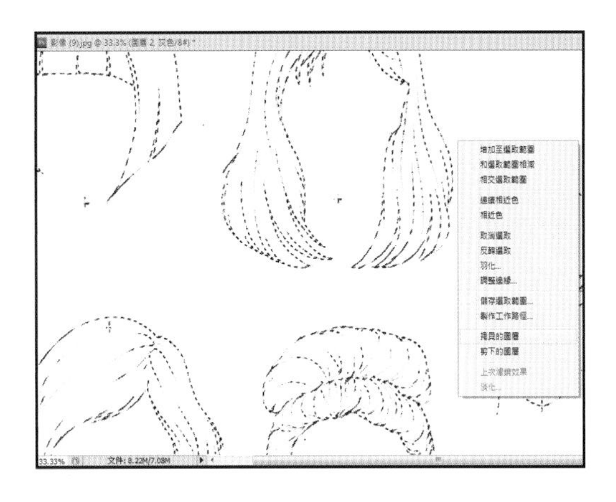

• 將髮型作成獨立圖層

框取髮型(一個一個框)>滑鼠右鍵>拷貝的圖層→ 將髮型的準星與臉型的準星重疊→ 將準星擦除

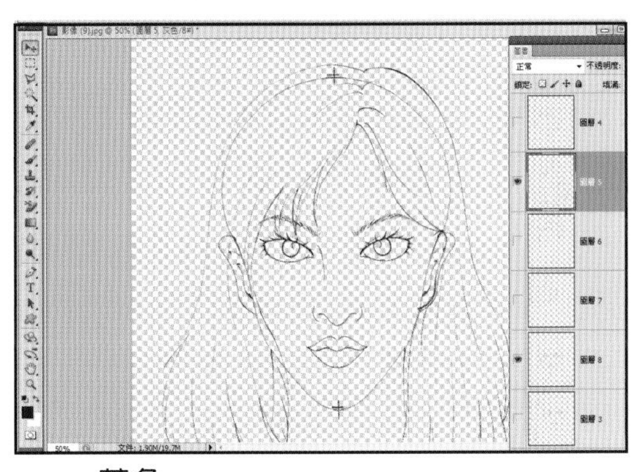

• 著色

點選膚色範圍→選取>修改>擴張（1px）→右鍵>拷貝的圖層→編輯>填滿>顏色

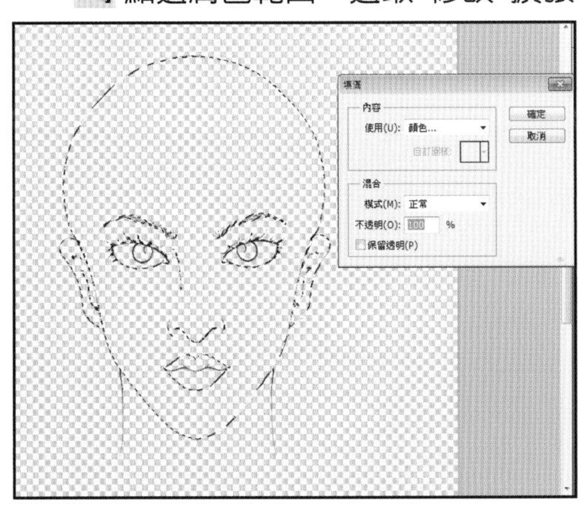

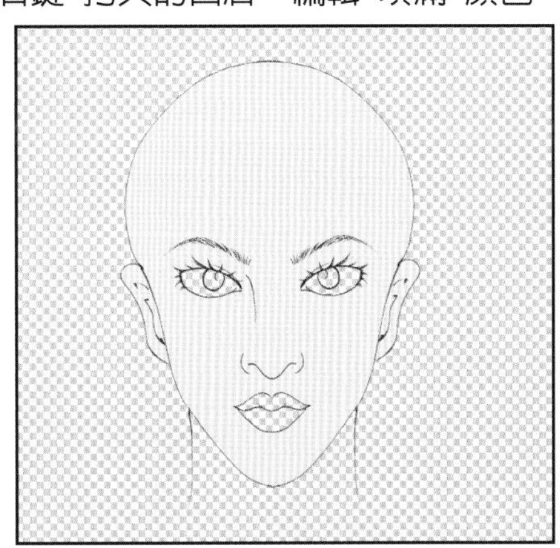

• 著色

移至頭髮圖層→ 點選頭髮範圍→選取>修改>擴張（1px）→圖層>新增>新增圖層（置於頭髮線稿圖層之下）→編輯>填滿>顏色→新增圖層，以一樣的方法填入眼睛、嘴唇之顏色

• 上明暗

移至膚色圖層→選取>載入選取範圍→圖層>新增>圖層（將漸層色畫在新圖層區）→ 筆刷選擇深膚色，透明度30→利用筆刷透明度的加深，來製作更多層次

新增圖層至於唇色之上→ 用筆刷畫上亮面與暗面→濾鏡>模糊>高斯模糊

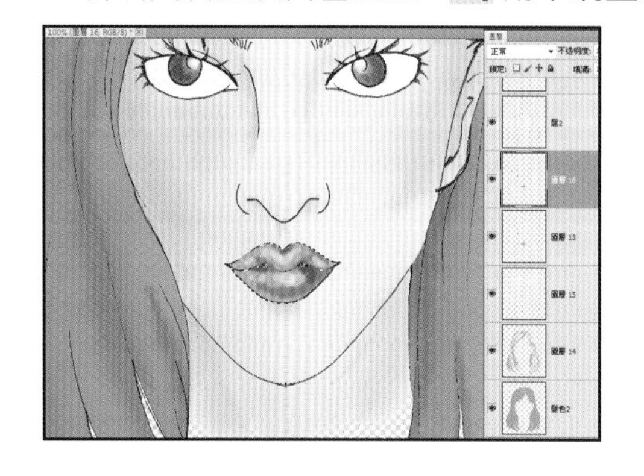

• 整理圖層

將不同髮型建立不同的資料夾，並將其明暗漸層置於資料夾下→按下圖層對話方塊之眼睛圖示，即可見到髮型搭配效果

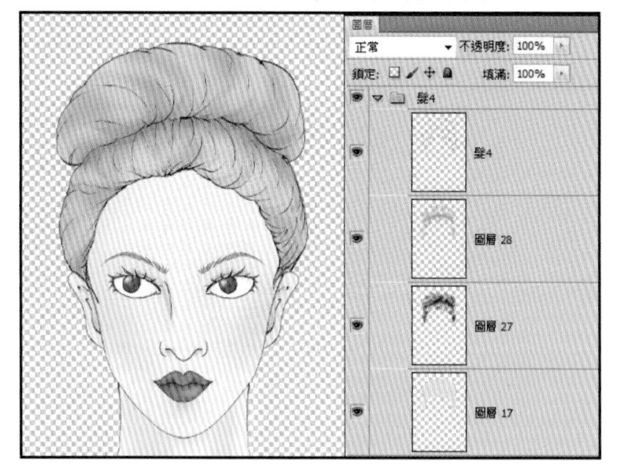

• 換色

移至要換色的圖層→ 選取要換色的區域→影像>調整>色相/飽和度（調整眼珠與唇色）

• 完成範例

• 臉部妝髮範例

可以多製作一些臉部造型備用，再依據服裝風格的不同來替換不同的臉部造型。

- Photoshop的運用範例(二)服裝畫示範，由草稿至完稿，分步驟說明如下所示。

  - 草稿:以相同的姿勢為底稿，換上不同的服裝→使用代針筆0.1&0.05在紙上描邊線→掃描（灰階/300dpi）（圖上）

  - 去除雜色、確認邊線無漏洞→影像＞調整＞色階→影像＞模式＞RGB色彩，轉為彩色檔

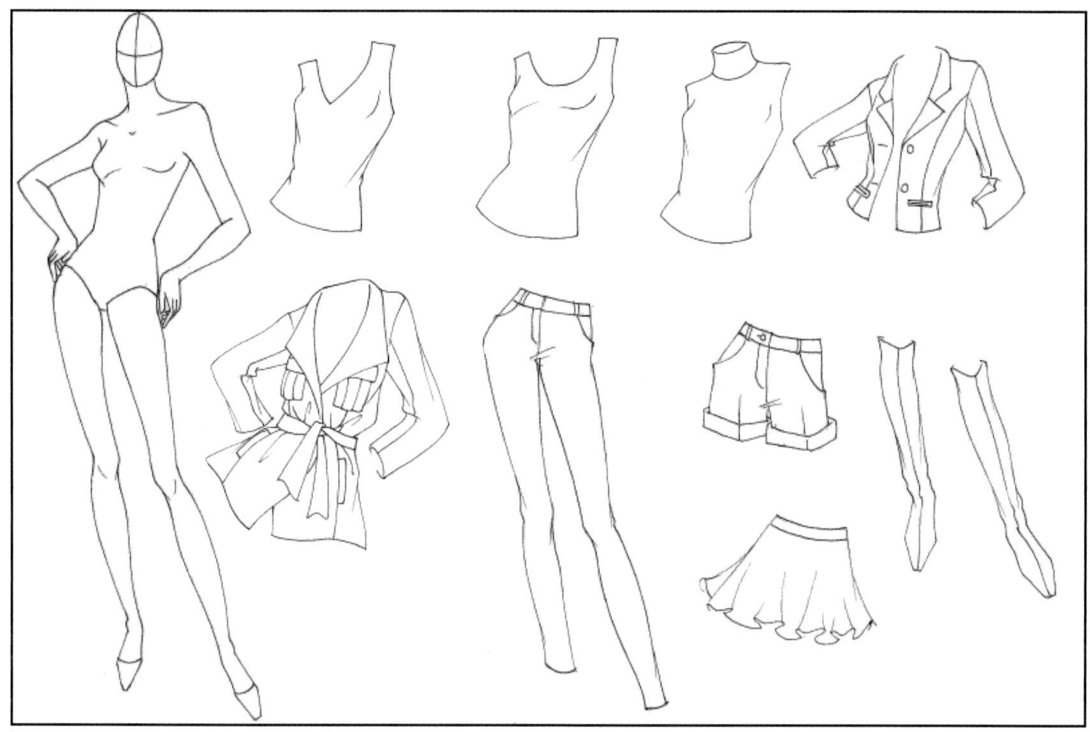

- 去背:選取>顏色範圍(以滴管選取圖中黑色邊線)→(使用任一選取工具)/滑鼠右鍵/拷貝的圖層

- 將服裝製作成獨立圖層:框取服裝(一個一個框)>滑鼠右鍵>拷貝的圖層→ 移至適當位置

- 將預先做好的臉部移入

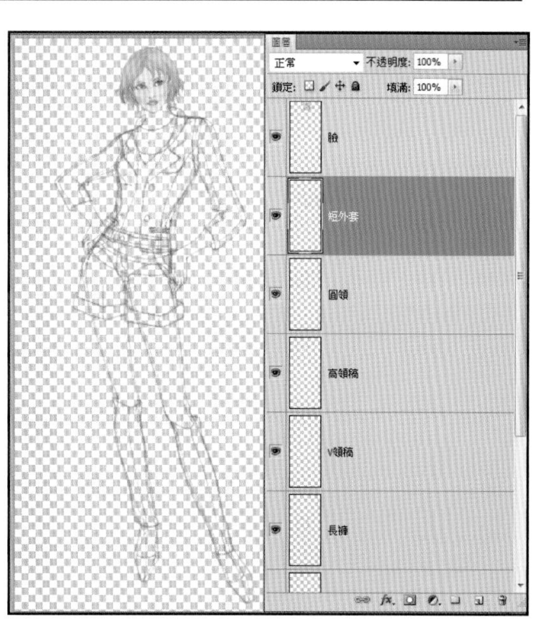

- 新增群組：將外套、上衣內搭、下身的款式分別置於不同群組資料夾內（圖上）

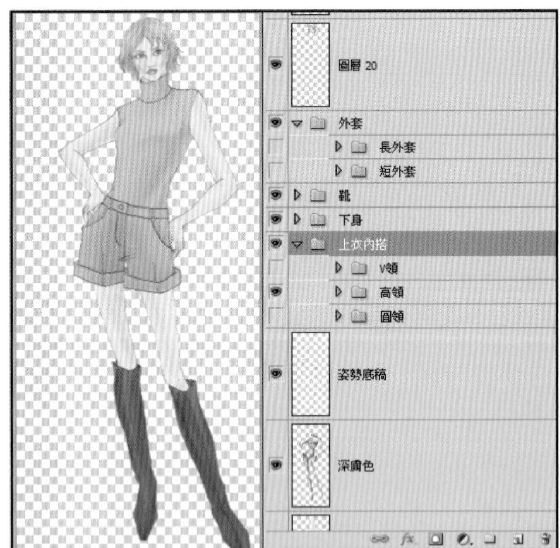

- 將不同款式分層填入顏色、陰影（圖中）

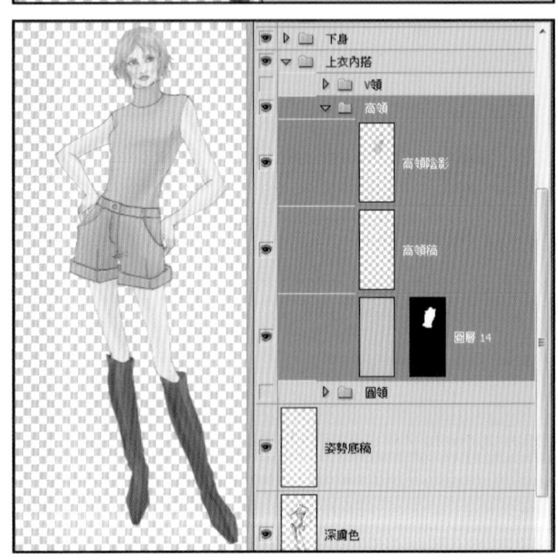

- 運用圖層左側之眼睛圖示的開、閉，可見到款式之間彼此搭配效果（圖下）

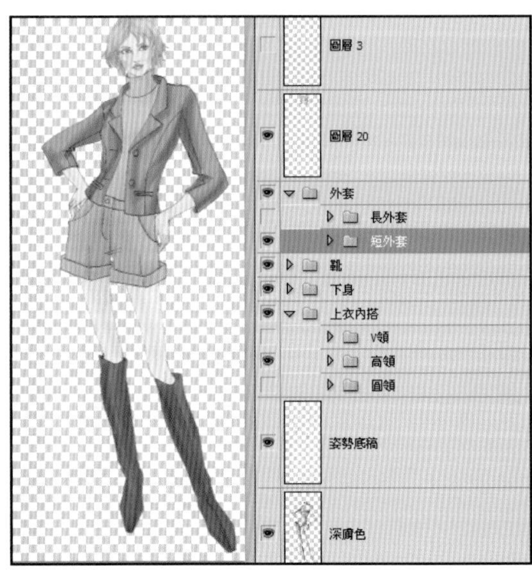

不同妝髮與服裝搭配之展現

Photoshop的運用範例(三)布花設計與仿真材質的合成方式示範

布花設計步驟說明

• 繪製循環位置邊界的元素(範例尺寸3cm x 3cm)

• 影像>修剪(去除邊界透明像素)

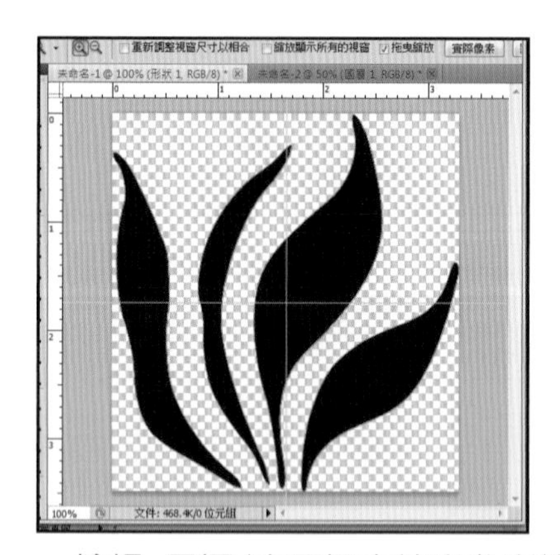

• 檢視>尺標(由尺標內拉出參考線,分成四等分)

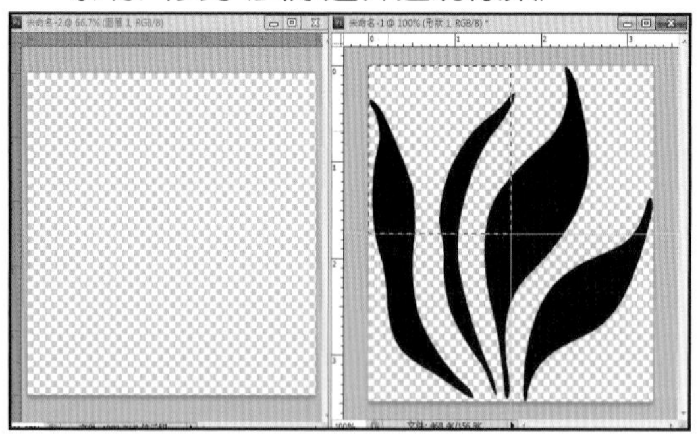

• 開啟一個新檔(範例尺寸5cm x 5cm)

• 框選1/4等分, 拖拉至新檔(新檔尺寸同布花單循環尺寸)

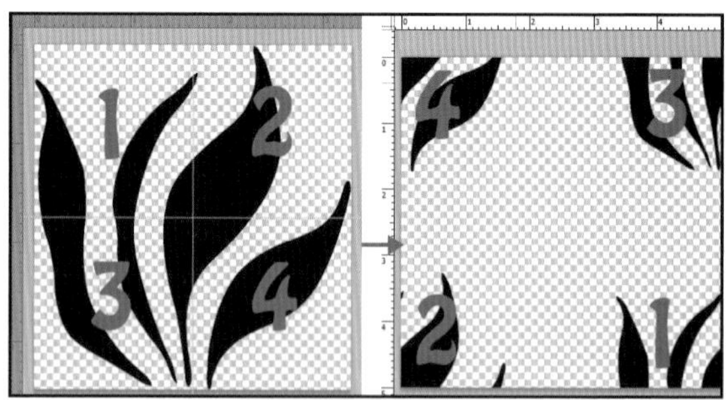

• 分別置於四角之狀況

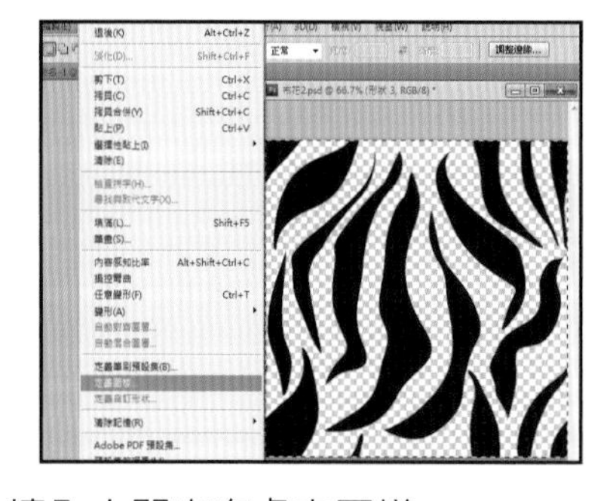

• 填入中間空白處之圖樣

• 框選全部範圍(底色透明)

• 編輯>定義圖樣

• 開啟一個新檔,編輯>填滿>圖樣

布花與款式結合

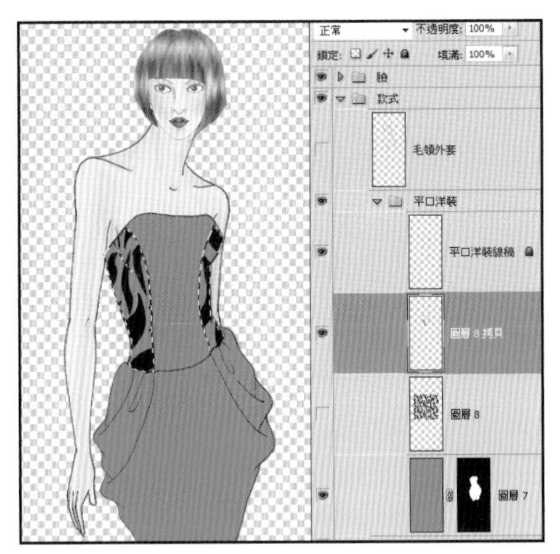

- 選取洋裝區域→新增圖層→圖層>圖層遮色片>顯現選取區塊
- 在圖層縮圖的位置上→編輯>填滿/洋裝顏色
- 移至線條稿→選取布花裁片間完全不相交的區塊→選取>修改>擴張→移至布花圖層→選取>反轉選取→del

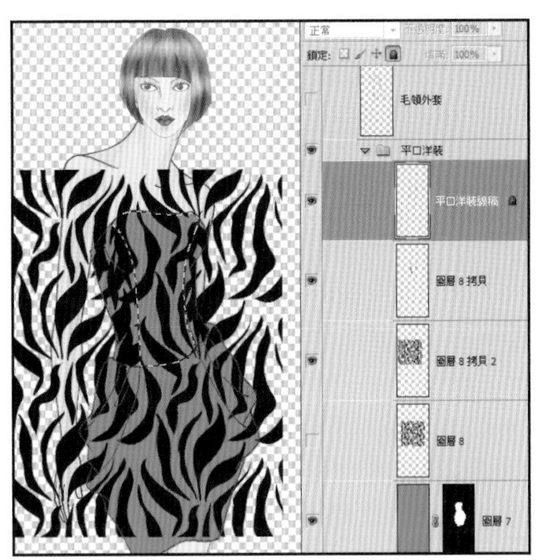

- 移動布花(將裁片線條交接處布花花紋錯開)→選取布花裁片間完全不相交的區塊→選取>修改>擴張→移至布花圖層→選取>反轉選取→del

- 以相同方式，依序將所有裁片處填滿布花

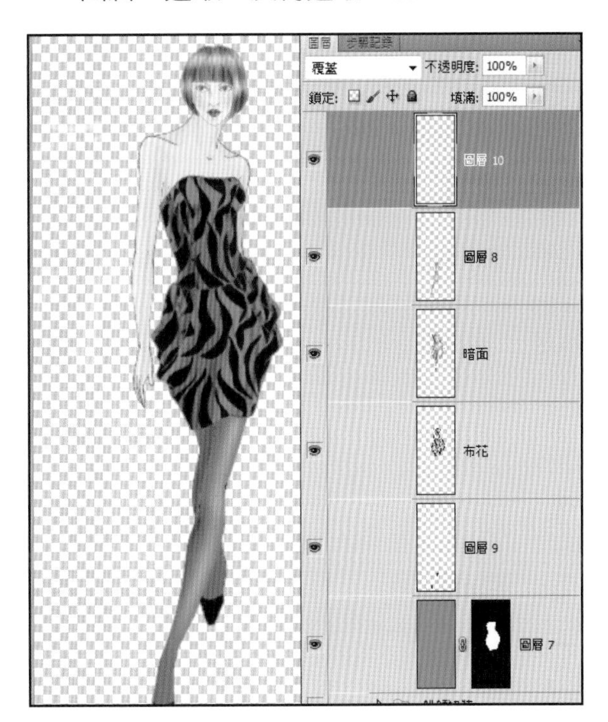

- 畫上陰影亮面
- 完稿

Illustrator的運用

可用Illustrator來繪製平整美觀、細節清楚的平面圖，只要是相似的款式還可以重新修改運用，在此分別示範不同的款式繪製重點、以及配件布花的運用。

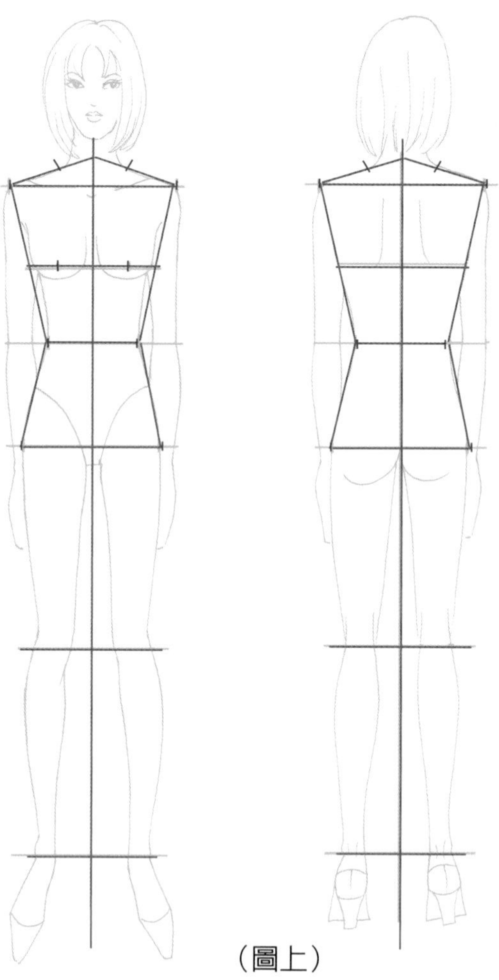

（圖上）

底稿製作要點：

• 原稿宜以八頭身做為底稿，畫起來比較接近真實比例。在重要圍度（肩寬、腰圍、臀圍、膝蓋、腳底），及重點位置（領口、ＢＰ點）要標示記號

• 正反面皆要畫，將底稿之不透明度調低，才不會影響到構圖（圖上）

範例（一）條紋Ｔ恤

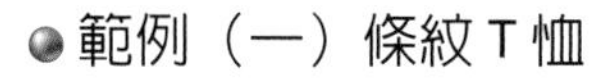

• 以貝茲曲線描繪出身片與袖片。身片由後領中開始描繪，注意下錨點的位置（領中、領口、肩、腰、下襬）多餘的點不要設立，因為向量圖是可以重複運用的，譬如：設點在領口可以調整領型，設點在腰處可以調整腰身，反之，設太多多餘的點會影響到下次款式的變化使用。

• 袖片描繪時要與身片重疊。(圖下)

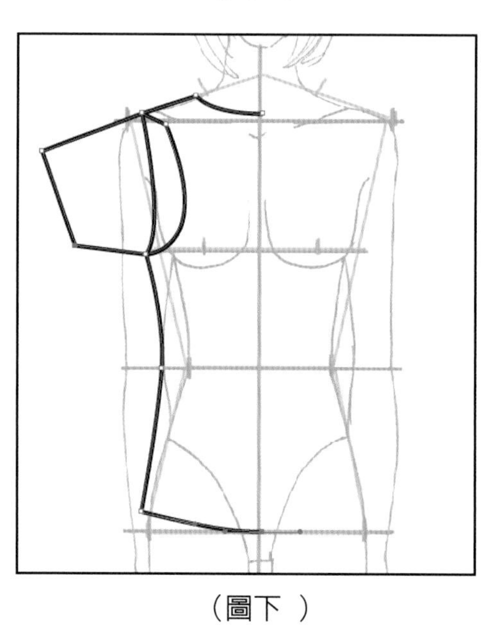

（圖下 ）

- （形狀組合）將袖片－身片＝完整的袖片

  - 點選身片複製（ctrl+c）→編輯>貼至上層（ctrl+f）（圖右上）
  - 點選上層身片→右鍵/排列順序/移至最前（圖左中）
  - 視窗>路徑管理員→點選一個身片+(shift)袖片→路徑管理員/減去上層(圖右中)

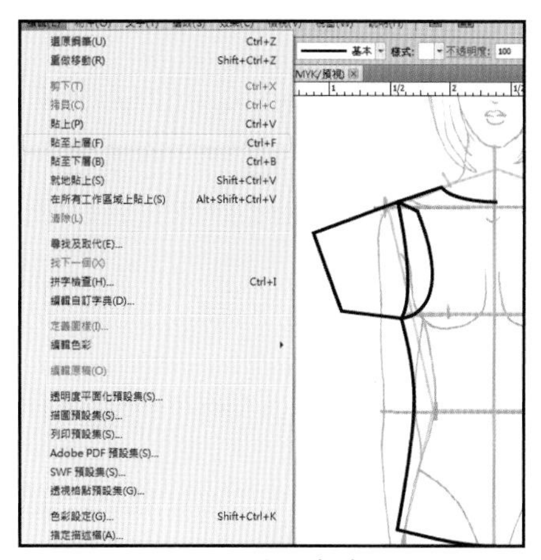

（圖右上）

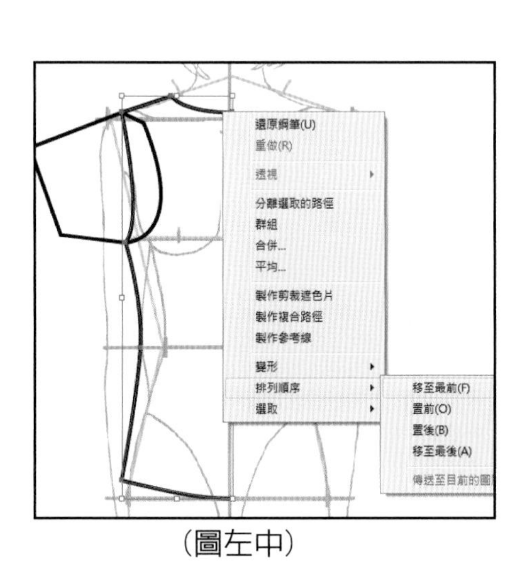

（圖左中）

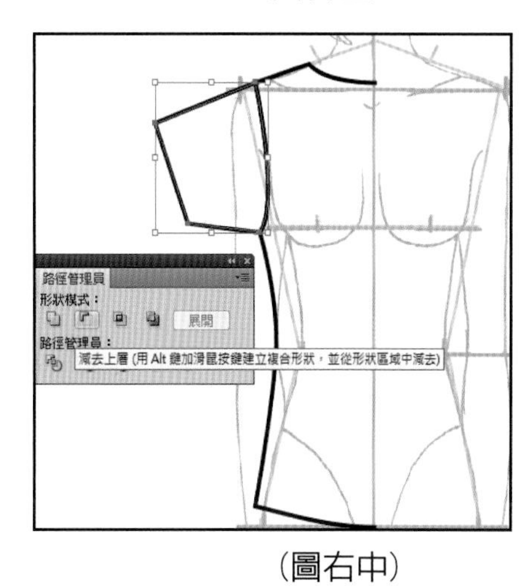

（圖右中）

- 拷貝至另半邊
  - 框選左半邊→+Alt(點出翻轉中心點)→出現鏡射對話方塊/垂直/拷貝(圖下)

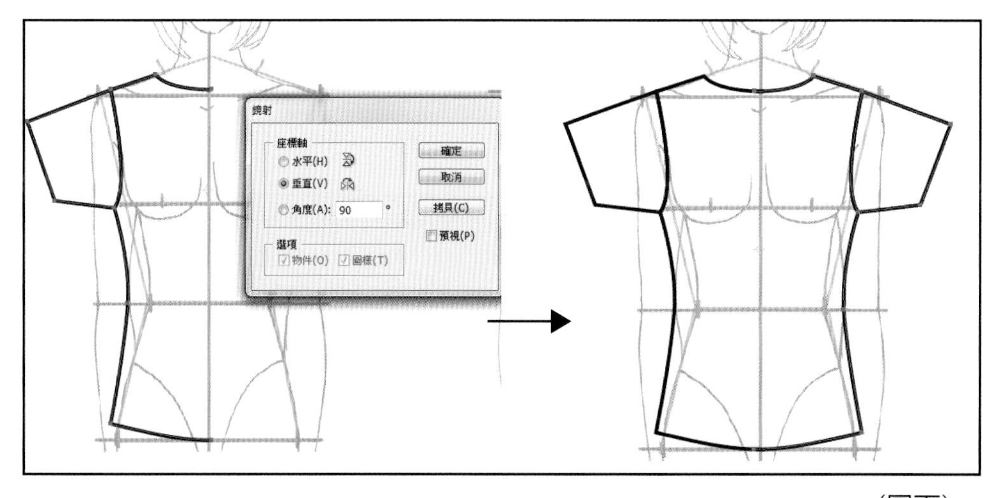

（圖下）

- （將左右邊合併）框選身片→路徑管理員/聯集→點選兩邊袖片→路徑管理員/聯集
- 描繪領型（圖上）

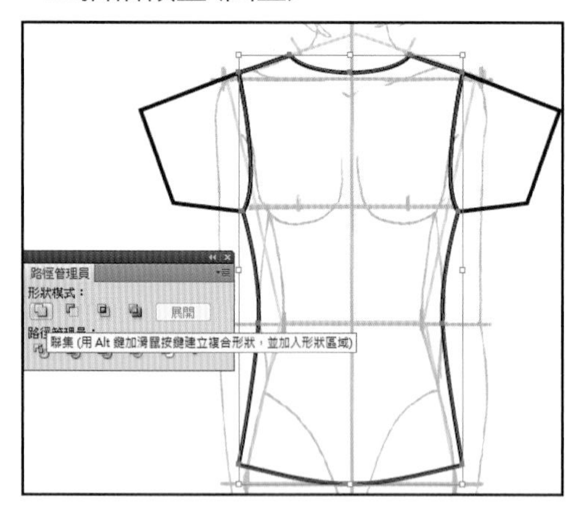

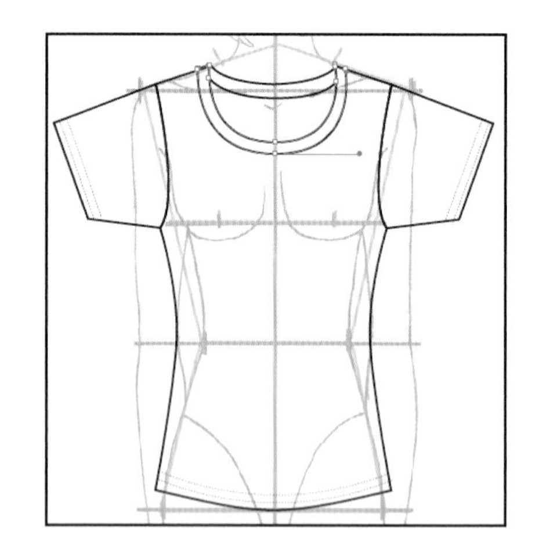

製作條紋布花

- 畫出單次循環範圍→物件>路徑>列與行（設定循環條數與間距）（圖左中）

- 選取條紋→填入配調色→選取單次循環範圍→編輯>定義圖樣→圖樣會出現在色票上（圖右中）

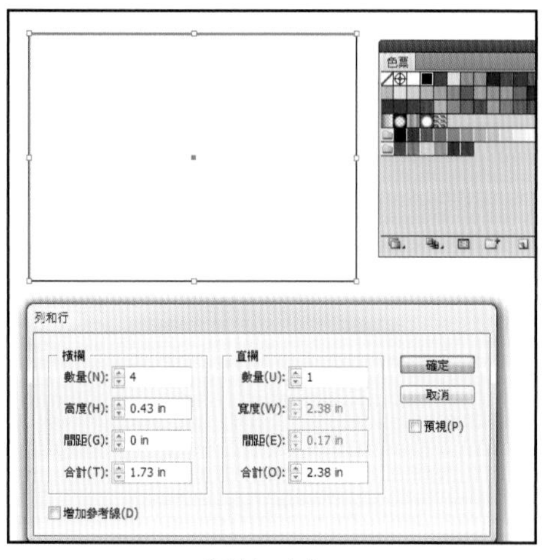

（圖左中）

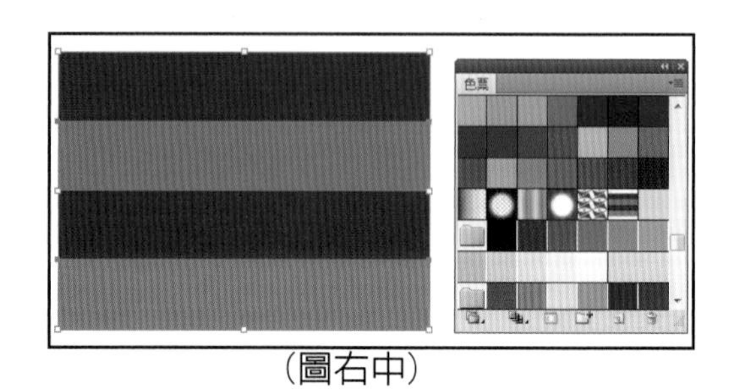

（圖右中）

- 選取裁片，填入圖樣（圖右下）

（圖右下）

• 旋轉袖子條紋，兩邊分開做）物件>變形（只勾選圖樣）

• 框選領滾條範圍 → 使用即時上色油漆桶→填領圍滾條色(圖右上)

• （車線）畫直線（+Shift）→視窗>筆畫/調整筆畫寬度與虛線→(+Alt)平行複製一條

• 選取兩條虛線→視窗>筆刷/新增筆刷/線條圖筆刷(圖頁中)

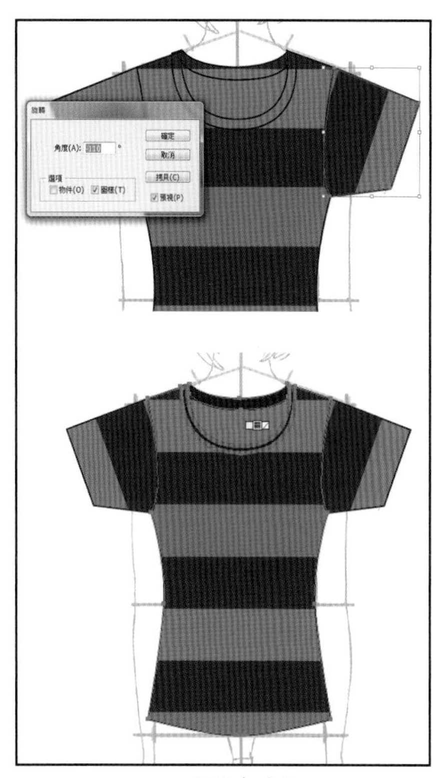

(圖右上)

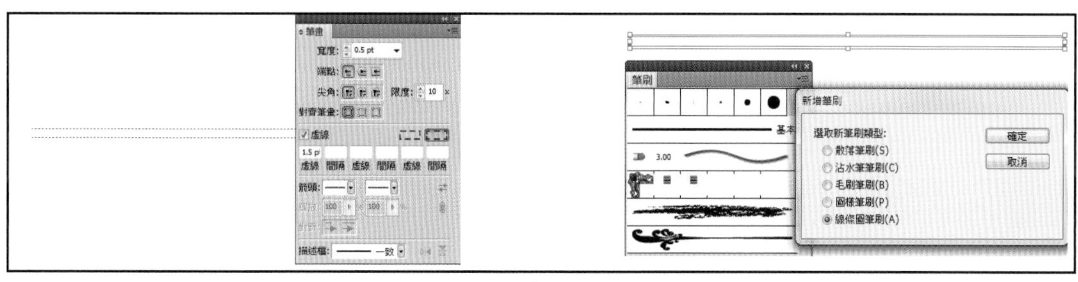

(圖頁中)

• 描繪袖口與下襬車線→筆刷/選擇車線式筆刷→調整筆畫寬度(圖右下)

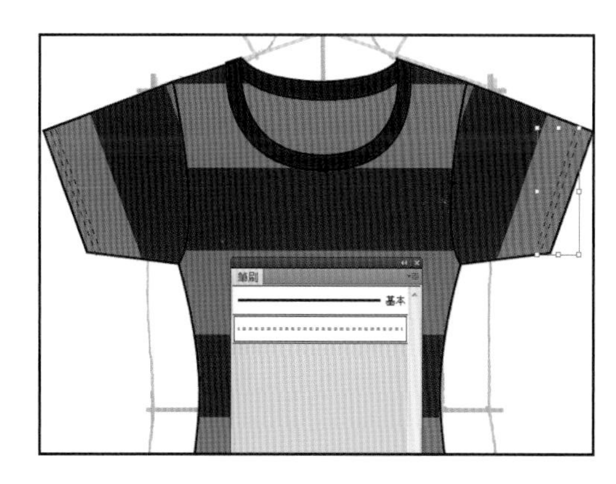

(圖右下)

範例（二）長袖西裝外套

- 以貝茲曲線描繪出身片與袖片。身片由後領中開始描繪，袖片分為上下兩片，下片為未封閉的路徑。（圖一）

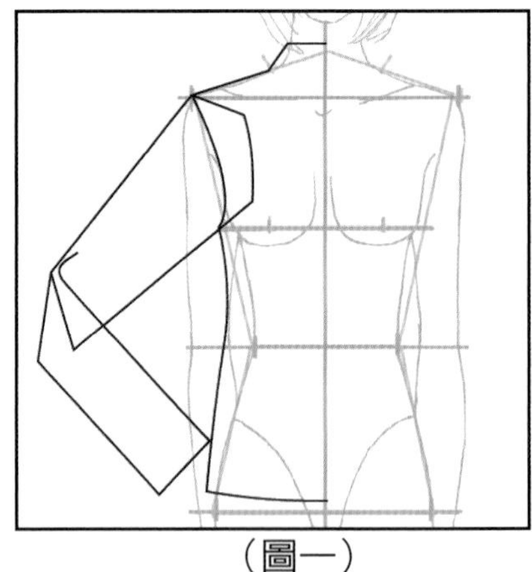

（圖一）

- （形狀組合）將上袖片－身片＝完整的袖片，點選身片複製（ctrl+c）→編輯>貼至上層（ctrl+f）→右鍵/排列順序/移至最前→視窗>路徑管理員→ 點選一個身片+(shift)袖片→路徑管理員/減去上層

- 畫上西裝領門襟、胸褶、腰褶、口袋的線條（圖二）

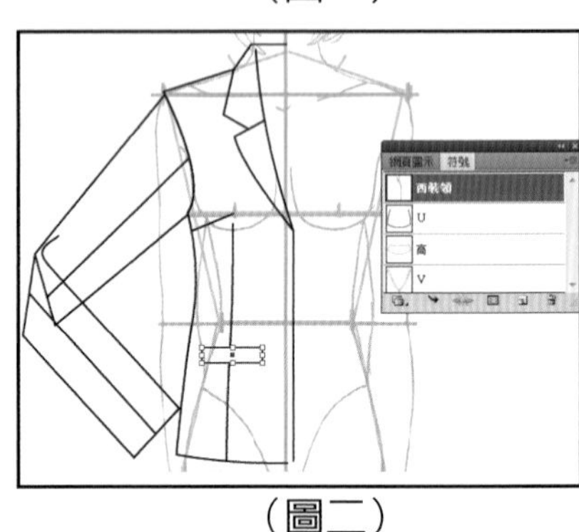

（圖二）

- （符號工具）可將常用的形狀存為符號，即可重複利用。方法如下：選取西裝領門襟處→視窗>符號 新增符號

- （拷貝至另半邊）框選左半邊→/Alt(點出翻轉中心點)→出現鏡射對話方塊/垂直/拷貝（圖三）

（圖三）

- 畫上後領→剪去門襟重疊之下片→點選下襬的錨點，移動錯開左右身片（圖四）(圖五)

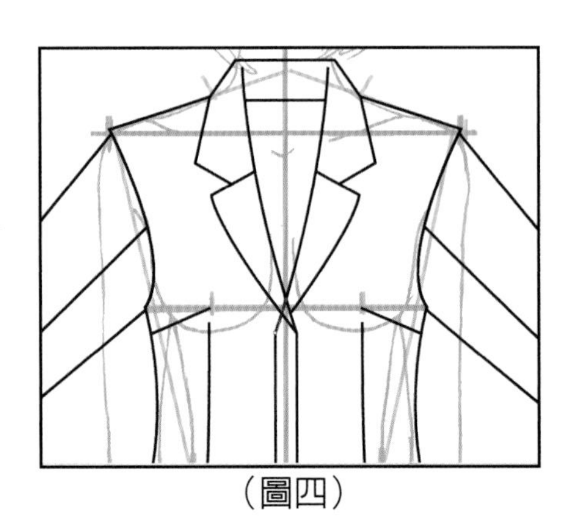

（圖四）

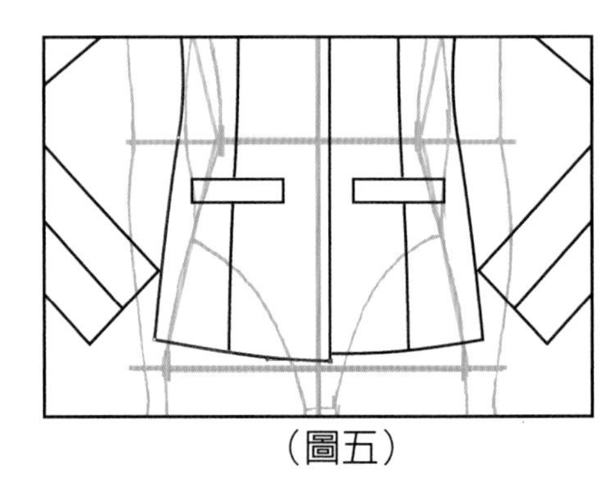

（圖五）

- 形狀組合

• 點選左右身片→路徑管理員/聯集→點選左右上袖片→路徑管理員/聯集(圖右一)

•(整理圖層順序)選取下袖片/右鍵/排列順序/移至最前→選取所有除了身片與袖片形狀之外的線條→右鍵/群組→右鍵/排列順序/移至最前(圖右二)

• 點選西裝身片與袖片→填色(圖右三)

- 製作釦子符號

畫釦洞→選取釦洞→路徑管理員/聯集→畫釦外圈(+Shift=正圓)→視窗/對齊/水平居中/垂直居中→右鍵/排列順序/移至最後→選取釦子外框圓與釦洞→路徑管理員/減去上層(圖左下)

- 製作釦洞符號

畫上方圓-畫下方形狀→選取下方形狀,效果>彎曲>下弧形→物件>擴充外觀→點選上方圓+(shift)下方形狀→路徑管理員/聯集→效果>扭曲與變形>鋸齒(圖中下)

- 新增符號

拖拉釦洞至符號浮動面板→圖層儲存符號資料庫,可以運用此方法,漸漸建構常用附件。(圖右下)

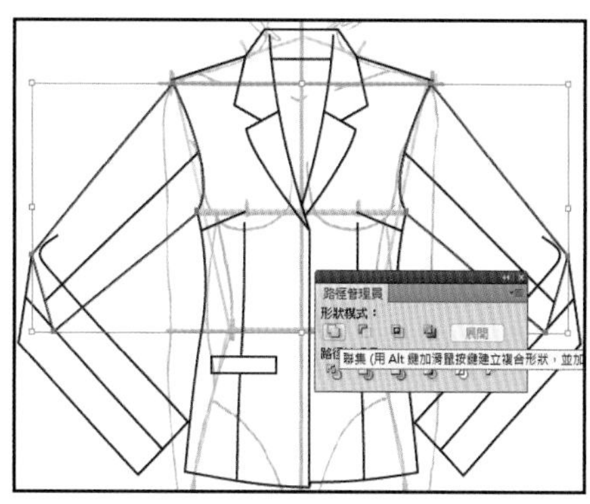

(圖右一)

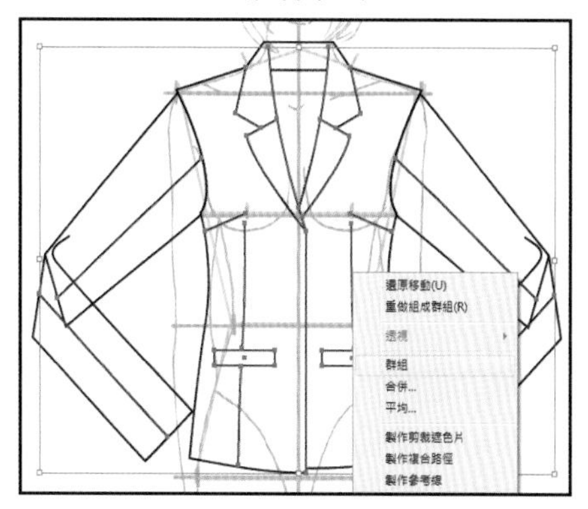

(圖右二)

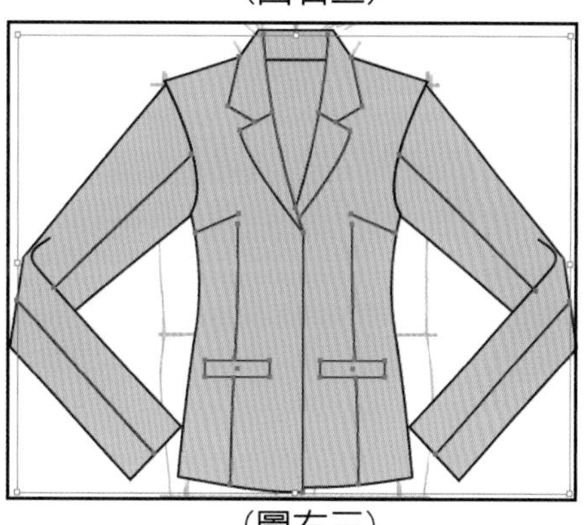

(圖右三)

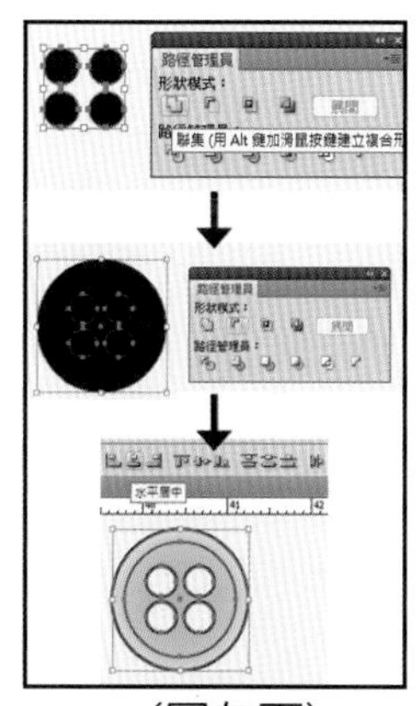

(圖左下)

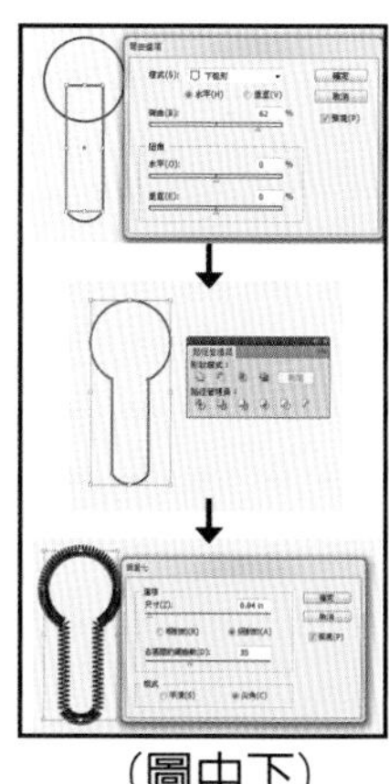

(圖中下)

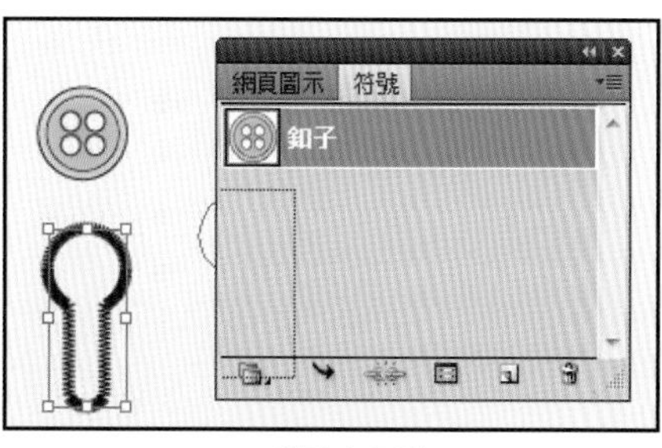

(圖右下)

• （擺上釦子與釦洞）使用釦子符號→ 打斷符號連結→效果>風格化>製作陰影→使用釦洞符號→ 選取釦子與釦洞→物件>組成群組→ +Alt複製三個→視窗>對齊/垂直依中線均分（圖右一）

（圖右一）

範例（三）有垂墜感的上衣

• 以貝茲曲線粗略描繪出身片、袖片與下襬束口。（圖右二）

• （彎曲工具）調整衣服線條、推出袖口與腰間皺褶之弧度，按住Alt鍵，並上下左右挪動滑鼠，可調整圓度與尺寸。 視窗>筆刷 開啟筆刷資料庫/藝術_書法（選擇筆畫的筆觸）（圖右三）

（形狀組合）

• 將袖片－身片＝完整的袖片

點選身片，複製（ctrl+c）→編輯>貼至上層（ctrl+f）→右鍵/排列順序/移至最前→視窗>路徑管理員→ 點選一個身片+(shift)袖片→路徑管理員/減去上層。（圖右四）

• 將下襬束口－身片＝完整的下襬束口

點選身片，複製（ctrl+c）→編輯>貼至上層（ctrl+f）→右鍵/排列順序/移至最前→視窗>路徑管理員→ 點選一個身片+(shift)下襬束口→路徑管理員/減去上層。

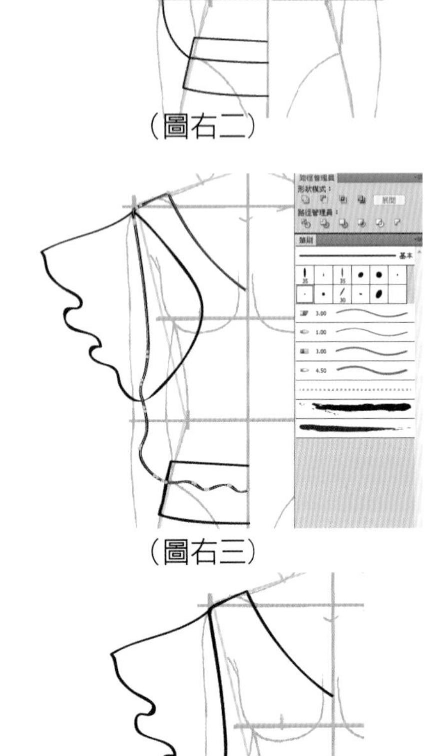

（圖右二）

（圖右三）

（圖右四）

- 畫出布褶線→ 視窗>筆刷 開啟筆刷資料庫/藝術_墨水(選擇布褶線的筆觸)→ 描繪出後領形狀→填入後領色(圖右一)

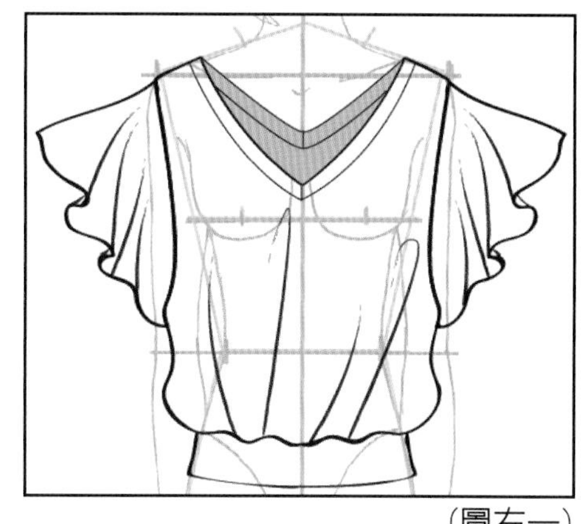

(圖右一)

- 將衣服填入圖樣色票
  - 點選衣身→色票/開啟色票資料庫/圖樣/自然/自然_動物皮毛(圖左中)

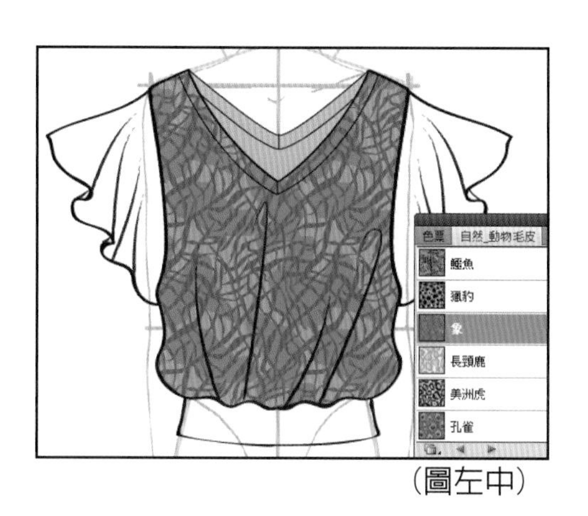

(圖左中)

- 再點選其他裁片→一樣填入圖樣色票→物件>變形>移動(選項只勾選“圖樣”,錯開交界處花紋)(圖右中)

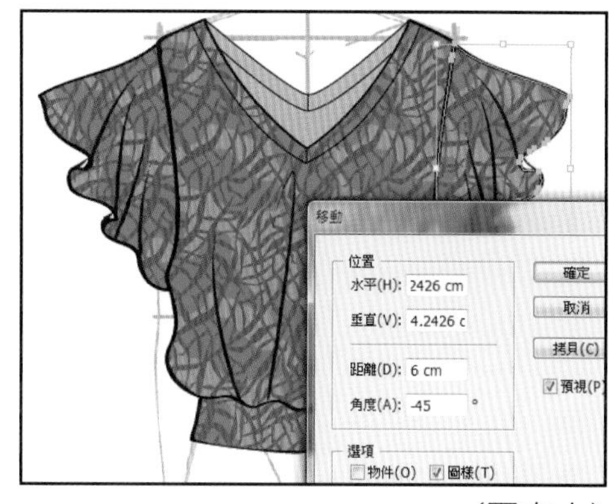

(圖右中)

- 布花變色
  - 點選所有布花位置→編輯>編輯色彩>重新上色圖稿(圖左下)

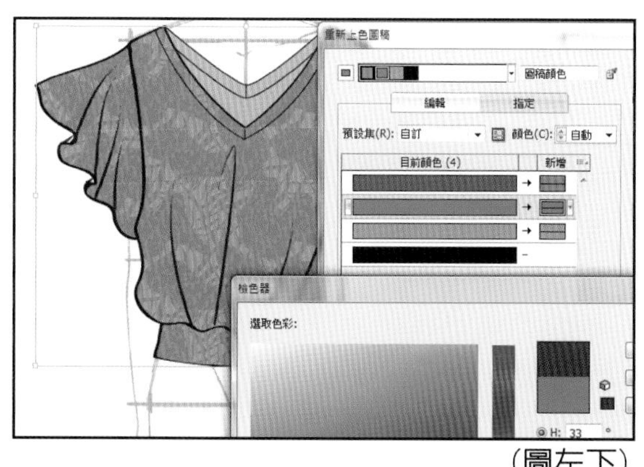

(圖左下)

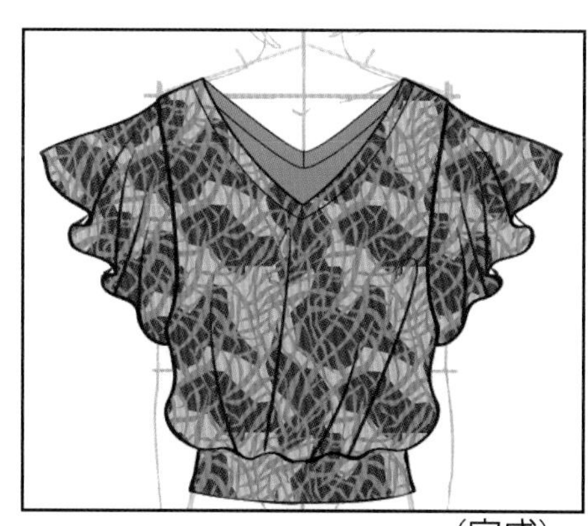

(完成)

★ 新形象・服裝設計系列

服裝畫技法圖解

創 意 生 活
Fashion Design Courses

出版者　新形象出版事業有限公司
負責人　陳偉賢
地址　235新北市中和區中和路322號8樓之1
電話　(02)2920-7133
傳真　(02)2922-5640

作者　劉慧瓏
執行企劃　陳怡芳 ELAINE
美術設計　黃琬婷、葉怡伶
封面設計　黃琬婷
發行人　陳偉賢
製版所　鴻順印刷文化事業股份有限公司
印刷所　弘盛印刷股份有限公司

總代理　北星文化事業有限公司
地址/門市　234新北市永和區中正路462號B1
電話　(02)2922-9000
傳真　(02)2922-9041
網址　www.nsbooks.com.tw
郵撥帳號　50042987北星文化事業有限公司帳戶
本版發行　2014 年 1 月 初版一刷
定價　NT$490元整

行政院新聞局出版事業登記證/局版台業字第3928號
經濟部公司執照/76建三辛字第214743號

服裝畫技法圖解/劉惠瓏著.--一版.--新北市：新形象,2014.01
面; 公分.--(新形象.服裝設計系列)
ISBN 978-986-6796-12-8(平裝)

1.服裝設計 2.繪畫技法

423.2　　102020284